鲟免疫系统及病害防控

许巧情　危起伟　等　著

U0232412

科学出版社

北　京

内 容 简 介

　　《鲟免疫系统及病害防控》是近五年来关于鲟类免疫及病害研究较为系统、全面的专著。本书由九章组成，涵盖了鲟类病害的多个方面，既包括鲟养殖现状，也包含鲟免疫系统最新研究成果，同时介绍了鲟类重要疾病，提出了鲟类病害预警和防治方案。主要内容包括：鲟免疫系统（免疫器官、免疫细胞、免疫分子）、病毒性疾病、细菌性疾病（海豚链球菌、分枝杆菌、气单胞菌等引起的疾病）、寄生虫病、真菌病、鲟特有病害，及非生物因素引起的病害等。

　　本书内容新颖、针对性强、资料翔实、数据可靠，其内容为鲟类以及其他珍稀濒危鱼类物种病害预警及防治提供借鉴和参考。本书可供水产、兽医及自然保护等相关科研、教学、养殖和管理人员参考。

　　本书版权由中国水产科学研究院长江水产研究所所有。

图书在版编目 (CIP) 数据

鲟免疫系统及病害防控/许巧情等著. —北京：科学出版社，2021.10
ISBN 978-7-03-069958-9

Ⅰ. ①鲟… Ⅱ.①许… Ⅲ. ①鲟科–鱼病防治 Ⅳ.①S943.215

中国版本图书馆 CIP 数据核字(2021)第 197282 号

责任编辑：朱　瑾　岳漫宇 / 责任校对：郑金红
责任印制：吴兆东 / 封面设计：无极书装

科 学 出 版 社 出版

北京东黄城根北街 16 号
邮政编码：100717
http://www.sciencep.com

北京天宇星印刷厂印刷

科学出版社发行　　各地新华书店经销
*

2021 年 10 月第 一 版　　开本：720×1000　1/16
2025 年 1 月第三次印刷　　印张：10 1/4
字数：204 000

定价：148.00 元
(如有印装质量问题，我社负责调换)

《鲟免疫系统及病害防控》著者名单

主要著者 许巧情 危起伟

参与著者（按姓氏笔画排序）

万玉芳　王成友　乔新美　刘志刚　杜　浩

李由申　吴金平　吴金明　邸　军　张　辉

张书环　陈德芳　罗　凯　郑楚文　袁汉文

郭慧芝　黄　君　韩盼盼

序

"千金腊子万斤象，黄排大的不像样"，这是长江流域，特别是长江上游地区对中华鲟、白鲟和胭脂鱼的形象化描述。最早听到这样的谚语，并在脑海中刻下记忆的时光则要追索到大学课堂，当时我们的鱼类学课程是由杨干荣老师讲授。杨老师对同学们要求严格，鱼类学考试有认识鱼类物种一项，杨老师会在标本盘摆上一排带有福尔马林气味的标本，好像只给一次识别标本犯错的机会，那时也没有人补考。杨干荣老师，以及易伯鲁、施泉芳老师于 20 世纪 70 年代由中国科学院水生生物研究所（以下简称中科院水生所）来到当时的华中农学院参与组建水产系，我也因此有幸可以接受到良好的鱼类学知识教育，记得后来还购买过杨干荣老师所著的《湖北鱼类志》。

我读书时看到的标本一般都是较小的个体。毕业后，鱼类学的分类知识也用得不多，除了认识一些常见的养殖鱼类外，工作中涉及的很多种类的鉴定，都要依靠在中科院水生所一室或四室的同事，一室就是中科院水生所的鱼类室，由伍献文先生创建。然而，真正认识到大的中华鲟个体，却是在 1984 年年底来中科院水生所工作之后。随着国家对三峡工程的推进，生态环境的问题受到了广泛关注，也有机会在水生所所内，甚至在长江江边，见到硕大的中华鲟标本，更有机会欣赏到长江的自然风光，壮观美丽的三峡风光至今印刻在脑海。

我参加过很多有关长江方面的调查研究，除了在长江中游的黄冈市团风县参加鱼类寄生虫调查以外，还参加了长江上游的鱼类寄生虫调查，对长江的鱼类生物学有了更多直接的学习机会。王伟俊老师在中华鲟肠道中发现的动殖科复殖吸虫一新种新属，即鲟拟动殖吸虫，则是中华鲟在海洋中生长然后洄游到淡水的直接证据，这也让我对中华鲟的洄游和生活史有了更深的认识。转眼，葛洲坝工程完工了，这之后与中华鲟相关的事件，都在我脑海中留下了记忆。也许是有机会参加讨论中华鲟保护的缘故，我对无法翻越葛洲坝而聚集坝下的成熟中华鲟的捕捞、坝下中华鲟幼鱼的发现、大量中华鲟卵被肉食性鱼类捕食，这些事件都印象深刻，这些也似乎暗示了中华鲟这个古老物种的生存劫难。

与此同时，我国的水产养殖业快速发展，水产业在我国农业中率先实现市场化，并朝着国际化、多样化的方向发展。鲟类也成了重要的养殖对象，这也给了中华鲟一个被"圈养"的机会。随着淡水条件下中华鲟全人工繁殖的成功，似乎可以让"千金腊子"永存。中华鲟禁养之后，我国从美洲、欧洲等地引进了多种鲟，加上我国其他流域鲟类资源的开发利用，鲟的消费也走上了百姓的餐桌，近年来杂交鲟的出现，更是推动了我国鲟类养殖的发展，不仅增加了市场的多元化，而且我国产的鱼子酱在世界上也占有举足轻重的地位。

养殖就会出现疾病，因此古老、有活化石之称的鲟类在养殖条件下也会出现病害。有幸的是，一些科研人员对鲟类的养殖和病害给予了足够关注，并为之付出了巨大的努力，对鲟类养殖中的病原及其病原生物学、相关疾病的防控等方面都做了系统的研究，取得了良好的成绩，对一些危害比较严重的病害，也都有了防治对策。该书适时完成了鲟类病害研究的总结，将作为一个里程碑，在推动鲟类病害研究、发展鲟类养殖、加强鲟类保护等方面，具有重要的理论和实践意义。

于青岛即墨鳌山卫青岛农大蓝谷校区

2020 年 7 月 5 日星期日

目　　录

第一章　鲟养殖及疾病危害概述

第一节　鲟养殖现状

一、世界鲟养殖情况

世界上现存鲟有 1 目 2 科 6 属 27 种，分布于北半球的 9 个自然分布区（危起伟和杨德国，2003）。其中分布在北美洲水域的有鲟科鱼 7 种和白鲟科鱼 1 种，以高首鲟（*Acipenser transmontanus*）、中吻鲟（*Acipenser medirostris*）和匙吻鲟（*Polyodon spathula*）为主要品种（邵庆均，2001）；分布在欧洲水域的有 1 科 2 属 8 种，以俄罗斯鲟（*Acipenser gueldenstaedti*）、闪光鲟（*Acipenser stellatus*）和裸腹鲟（*Acipenser nudiventris*）为主要品种。

鲟自然种群资源稀少，在过去的两个世纪里，全球鲟的总产量在 $1.5×10^4$ t 至 $4.0×10^4$ t 之间波动。20 世纪 90 年代以前，鲟产量主要来自于野生资源捕捞，其中以俄罗斯鲟、闪光鲟和欧洲鳇（*Huso huso*）的产量最高。野生鲟主要集中分布于里海、黑海、咸海和亚速海等水域，其中又以里海流域的捕捞产量最高，该地区鲟捕捞量约占世界总捕捞量的 80%以上（危起伟和杨德国，2003）。根据联合国粮食及农业组织（Food and Agriculture Organization of the United Nations，FAO）的统计，20 世纪 90 年代之前，世界鲟捕捞年产量约为 $2.0×10^4$ t，1977 年曾达到历史峰值 $3.2×10^4$ t。然而，近年来由于过度捕捞、水电工程建设以及环境污染等影响，野生鲟资源的衰退已成为一个世界性的问题（Steffens et al.，1990；Wei et al.，1997）。

随着人们对鲟资源全球性衰竭认识的加深，鲟资源保护运动开始兴起，鲟养殖业也随之迅速发展。相比其他经济鱼类，鲟的人工养殖起步较晚，最初主要用于仔幼鱼的增殖放流。鲟的人工繁殖最早于 1869 年由俄国人 Ovsjannikov 完成，商品鲟的养殖则起始于 20 世纪 60 年代的苏联。因此，发展到 70 年代其养殖年产量可达 300 t，进入 80 年代后其捕获量占世界总量的 80%～90%（Barannikova，1987），而 90 年代末俄罗斯已完成了闪光鲟、俄罗斯鲟、西伯利亚鲟（*Acipenser baerii*）、小体鲟（*Acipenser ruthenus*）和欧洲鳇等的全人工繁殖和养殖，并进行了多种组合的鲟杂交优势利用，养殖鲟年产量已增至 800～900 t（庞景贵等，2002）。美国鲟养殖起步稍晚，但发展迅速，20 世纪末已将高首鲟的性成熟时间较自然条件下缩短一半以上，并且实现了全电脑自动控制下的工厂化高密度养殖。其他国家的鲟现代化养殖研究也紧随其后，其中欧洲的法国、意大利和德国较早获得技术突破，鲟养殖产业逐渐发展起来（Bronzi et al.，1999），至今已颇具规模。亚洲国家中，日本开展鲟养殖研究的时间较早，鲟养殖试验始于 1964 年，正式的商业养殖可认为始于 20 世纪 90 年代初，养殖初期的鱼种主要为来自俄罗斯的俄罗斯鲟、高首鲟和 'Bester'（*Huso huso*♀×*A. ruthenus*♂）（赵荣兴，1996）。据不完全统计，全球从事鲟养殖的国家和地区约有 32 个，主要包括独联体国家、保加利亚、匈牙利、德国、英国、丹麦、日本、美国、法国、意大利、中国，以及其他亚洲国家和地区等（庞景贵等，2002）。

全球鲟的规模化养殖起步于 20 世纪 80 年代，然而在 2003 年之前养殖年产量一直较低，直至 2000 年鲟养殖产量才首次超过捕捞量；自 2003 年开始的十年间，世界鲟年产量由 13 382 t 增至 2013 年的 75 014 t，这主要得益于中国鲟养殖产业的巨大进步（图 1-1）。目前全球鲟养殖产量前五位的国家分别为中国、亚美尼亚、伊朗、俄罗斯和越南（贺艳辉等，2019）。

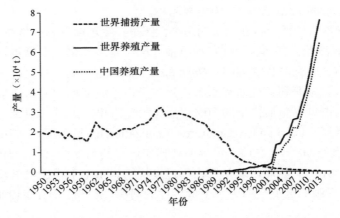

图 1-1　中国及世界鲟年产量变化（1950～2013 年）（周晓华，2015）

二、我国鲟养殖情况

我国的野生鲟资源仅次于俄罗斯，在我国水域分布的主要有 8 种，分别是中华鲟（*Acipenser sinensis*）、长江鲟（*A. dabryanus*，也称为达氏鲟）、白鲟（*Psephurus gladius*）、史氏鲟（*A. schrenckii*，也称为施氏鲟）、西伯利亚鲟（*A. baerii*）、小体鲟（*A. ruthenus*）、裸腹鲟（*A. nudiventris*）以及达氏鳇（*Huso dauricus*）（Wei et al.，1997）。其中中华鲟、长江鲟和白鲟均已被列入国家一级重点保护野生动物名录，除科学研究以外的一切捕捞和经营活动均被禁止；其他鲟形目鱼类均被列为国家二级重点保护野生动物。仅有黑龙江的史氏鲟和达氏鳇可进行商业捕捞用于加工鱼子酱，但随着我国野生鲟资源的锐减，目前也已无实际产量。

我国鲟人工养殖起步较晚，但发展迅速，在学术研究及生产应用等方面取得了多项重大突破。近年来，随着国内鲟人工养殖规模的迅速扩大，促进了鲟繁养殖技术的研究和开发，加快了科技成果的转化进程，现在已形成了一套比较成熟的鲟人工繁殖、养殖技术，基本解决了鲟人工繁殖、苗种培育和成鱼养殖过程中遇到的技术难题。最近十年，中国先后突破了西伯利亚鲟（*A. baerii*）（宋炜等，2010）、匙吻鲟（*P. spathula*）（丁庆秋等，2011）、小体鲟（*A. ruthenus*）、史氏鲟（*A. schrenckii*）（曲秋芝等，2002）、俄罗斯鲟（*A. gueldenstaedtii*）（胡红霞等，2007）、大杂交鲟（*H. dauricus*♀×*A. schrenckii*♂）、达氏鳇（*H. dauricus*）（李文龙等，2009）、中华鲟（*A. sinensis*）（郭柏福等，2011；危起伟和杨德国，2013）以及长江鲟（*A. dabryanus*）（龚全等，2013）等近 10 种主要鲟的全人工繁殖。自 20 世纪 90 年代初探索从国外引进苗种进行鲟人工养殖开始，我国的鲟养殖仅用十余年时间就走上了产业化发展的道路。近年来进行养殖试验的品种既有国内品种，如史氏鲟、达氏鳇等，也有先后从国外引入的品种，如俄罗斯鲟、西伯利亚鲟、小体鲟、欧洲鳇、匙吻鲟、闪光鲟等。经过多年的发展，目前中国鲟主要养殖种类有十多种，其中达到一定养殖规模的种类主要包括史氏鲟、西伯利亚鲟、鲟鳇杂交种以及匙吻鲟（图 1-2），占鲟养殖总产量的 90%以上（陈晓军，2020）。

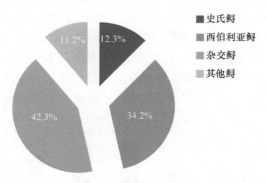

图 1-2　2014～2015 年我国主要养殖鲟所占比例分布（按重量）

数据来源《中国鲟资源保护与产业发展分析报告，2015》

优质的苗种是开展养殖生产的重要基础。2004 年之前，我国鲟养殖苗种主要来源于进口受精卵孵化鱼苗和捕获野生亲鱼进行人工繁殖两种渠道。2004 年之后，国内自繁苗种开始进入市场，逐步取代进口和野生苗种（图 1-3）（贺艳辉等，2019）。根据《中国鲟资源保护与产业发展分析报告》的分析，目前中国鲟养殖已完全摆脱了对自然资源的依赖，受精卵或仔鱼均为全人工繁殖的子二代或子三代，大大缓解了对鲟自然资源的压力，有利于鲟自然资源的保护。北京是目前国内鲟苗种生产的主产区，产量约占全国苗种总产量的七成以上，不仅能满足本地区的养殖需求，同时还销往我国的华东、华北和西南等超过 20 个地区（杨华莲等，2016）。

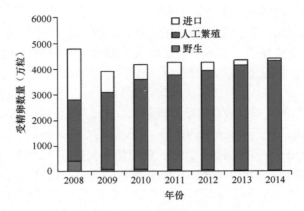

图 1-3　2008～2014 年中国鲟苗种数量和来源统计

数据来源《中国鲟资源保护与产业发展分析报告，2014》

随着居民生活水平的提升和我国鲟养殖技术的不断发展，商品化鲟养殖产量不断快速增长。2000 年以来，中国鲟养殖产量已居世界首位（Wei et al.，2004），此后也始终保持了这一地位。2003～2015 年，我国鲟养殖年产量由 $1.09×10^4$ t 上升至 $9.08×10^4$ t，平均年增长率高达 17.6%；2016～2017 年由于响应环保政策，多地湖泊、水库养殖网箱拆除，产量下滑至 $8.31×10^4$ t；而 2018 年养殖产量又恢复增长至 $9.69×10^4$ t，同比上年上升 16.7%（图 1-4）。目前，鲟的商品化养殖在我国除西藏和内蒙古外几乎所有的省份均有开展，最初主要集中于北京、广东、湖北等省市（邹远超等，2013；陈晓军，2020），而由于水产品物流业的迅猛发展，

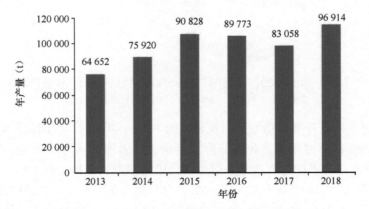

图 1-4　2013～2018 年中国鲟淡水养殖产量统计图

数据来源（农业农村部渔业渔政管理局等，2018）

云南、山东、贵州、四川等中西部地区的鲟养殖产业后来居上，已成为目前国内鲟养殖的主产区（图 1-5）。尤其是西部地区优质丰富的冷水资源为鲟养殖提供了得天独厚的条件，未来仍具有很大的发展空间和潜力（Li et al., 2009）。

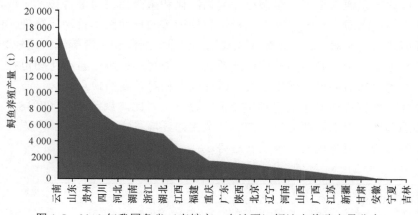

图 1-5 2018 年我国各省（直辖市、自治区）鲟淡水养殖产量分布
数据来源（农业农村部渔业渔政管理局等，2018）

三、鲟养殖模式及未来发展前景

养殖方式主要包括流水养殖、大水面网箱养殖和工厂化养殖等多种模式。目前工厂化养殖模式多用于鲟的亲鱼繁育、苗种培育及鱼子酱批量生产，而成鱼养殖则以流水养殖和网箱养殖为主（贺艳辉等，2019）。

（一）流水养殖

流水养殖是鲟养殖较为普遍的模式之一，在北京、河北、四川及浙江等地应用较为广泛，其养殖产量已超过鲟养殖总产量的 40%（张海耿等，2016）。该模式通常利用无污染的山泉、溪流、江河水或地下井水作为水源，通过地形自然落差或机械提水作用，使养殖水体保持适宜的流量和流速，养殖用水不进行循环重复利用。该养殖模式投入成本较低，易于操作管理，能取得较好的养殖经济效益，但也存在可控性较差，易受外界环境影响，以及养殖水体排放造成污染环境等缺点。

（二）网箱养殖

网箱养殖通常设立在山塘、库区和大型河道等具有优质生态环境的大水体中，利用网箱内外的水体交换来保持网箱内良好的水质。该模式在华中和华东等地区应用较为广泛。网箱养殖模式管理操作简单，结合适宜的养殖密度管理措施可获得较高收益，作为一种主要的养殖模式，曾占据很大的份额。但是该模式对养殖水体环境的污染较为严重，近年来已逐步被取缔。

（三）工厂化养殖

工厂化养殖通常采用水温调控、生物净化和杀菌消毒等多种技术手段，在养殖过程中实现水质、水温、流速、投饵和排污等的自动或半自动化管理，保证了养殖环境状态的相对可控。该模式在我国的湖北、浙江和上海等地应用较为广泛。工厂化养殖占地少、养殖周期短、产量高、环境污染较小、自动化和可控化程度高，但是也存在前期投资规模较大，运行成本相对较高的缺点。

表 1-1 对国内鲟养殖的三种主要模式进行了对比。魏宝成等（2018）认为，通过加强循环水生态池塘建设，控制养殖生态环境稳定，生产高品质无公害的鲟产品将成为鲟养殖系统的未来发展趋势。

表 1-1　我国鲟主要养殖模式对比

养殖模式	优势	缺陷	发展趋势
流水养殖	水质好、成本低、养殖产品品质高	水资源消耗大、可控性差	循环水生态池塘
网箱养殖	成本低、管理简单、节省空间、产量高	污染养殖水体环境	逐渐被取缔
工厂化养殖	节约水资源、可控性强、产量高	前期投入大、运行成本高	工厂化循环水养殖

第二节　鲟病害流行现状

随着鲟养殖业的发展，鲟的疾病也日渐增多，近年来，暴发性疾病的频繁发生给鲟养殖业带来了巨大的经济损失，已成为制约鲟产业发展的主要因素之一。国外在鲟病害方面的研究起步较早，主要针对养殖过程中出现的病例，而关于野生鲟病害的报道则相对较少（王荻等，2008）。目前国内鲟病害的研究还不够深入，因此进一步研究鲟病害的病原体、流行规律、发病机制、病理变化、临床症状和免疫防治对于提高鲟养殖效益、保证养殖水域环境和水产品质量安全，并最终实现鲟养殖业的可持续发展具有重要意义。

养殖鲟最容易感染的疾病主要包括由于细菌、真菌、寄生虫和病毒等引起的病原性疾病，以及由于营养失衡、中毒和多种环境因素引起的非病原性疾病。如果进一步划分，常见的鲟细菌性疾病主要包括细菌性败血症、细菌性肠炎病、细菌性烂鳃病和肿嘴病等；常见的真菌性疾病主要包括水霉病和卵霉病等；常见的寄生虫疾病主要包括小瓜虫病、车轮虫病、锥虫病、斜管虫病、三代虫病以及拟马颈鱼虱病等（朱永久等，2005）；常见的病毒性疾病主要包括高首鲟虹彩病毒（WSIV）病、铲鲟虹彩病毒（SSIV）病、Ⅰ型和Ⅱ型高首鲟疱疹病毒（WSHV-Ⅰ和 WSHV-Ⅱ）病等。在非病原性疾病中，常见的营养性疾病主要包括营养性贫血病、脂肪性肝病、萎瘪病、心外膜脓肿和心外膜脂肪织炎等；常见的中毒性疾病主要有肝性脑病；此外，由于其他环境因素引起的气泡病、大肚子病、应激性出血病、蛀鳍病、红斑病和癌变等在实际养殖生产中也较为常见（田甜等，2012）。表 1-2 对国内外鲟养殖过程中的主要病害进行了简要展示。

表 1-2　养殖鲟主要病害

	病害种类	发病时期	可能发病原因
病原性疾病	（1）细菌性疾病		
	细菌性败血症	幼鱼、成鱼	嗜水气单胞菌、豚鼠气单胞菌、类志贺邻单胞菌
	细菌性肠炎病	苗种到成鱼	点状气单胞菌
	细菌性烂鳃病	幼鱼到成鱼	鳃部破损感染柱状嗜纤维菌、气单胞菌
	肿嘴病	幼鱼	幼鲟转食期间摄食变质饵料，病原未明确
	（2）真菌性疾病		
	卵霉病	鱼卵	同丝水霉、鞭毛绵霉
	水霉病	苗种到成鱼	鱼体表受伤继发感染水霉
	（3）寄生虫病		
	小瓜虫病		小瓜虫
	车轮虫病	苗种	车轮虫
	锥虫病		锥虫
	斜管虫病		养殖水体过肥感染鲤斜管虫
	三代虫病	苗种、幼鱼	投喂未消毒水藻感染三代虫
	拟马颈鱼虱病	幼鱼、成鱼	拟马颈鱼虱
	（4）病毒性疾病		
	WSIV 病	幼鱼致病，成鱼携带	高首鲟虹彩病毒感染皮肤、鳃和上消化道
	SSIV 病		铲鲟虹彩病毒
	WSHV-Ⅰ和 WSHV-Ⅱ病		体被和口腔黏膜感染Ⅰ型和Ⅱ型高首鲟疱疹病毒
非病原性疾病	（1）营养性疾病		
	营养性贫血病		饲料营养不均衡
	脂肪性肝病		饲料脂肪含量过高
	萎瘪病		养殖密度过高导致营养不均衡
	心外膜脓肿	幼鱼	病因尚不明确
	心外膜脂肪织炎		病因尚不明确
	（2）中毒性疾病		
	肝性脑病	转食阶段的幼鱼	饲料中有毒成分或药物作用
	（3）其他环境因素		
	蛀鳍病	稚鲟开口期、幼鲟转食期	养殖密度过大、规格不整齐，大个体咬伤小个体形成蛀鳍
	气泡病	幼鱼	水体中氮气或氧气含量过饱和
	大肚子病		消化不良或气单胞菌感染
	应激性出血病		天气突变、拉网捕捞、水质不良等应激
	癌变		养殖环境污染

总体来看，鲟养殖病害的发生原因主要可归纳为自然因素、人为因素和种群内在因素三个方面（韩丽军，2019）。其中自然因素包括极端天气和自然灾害等，例如天气变化导致的水温剧烈波动会对鲟的代谢水平和免疫能力造成很大影响，易造成其感染疾病而死亡；发生洪涝灾害时会带入大量泥沙或工业、生活废水，污染鲟养殖水体，引发鲟疾病。人为因素主要包括病害预防不到位、养殖管理不规范和饲料配方不够科学等。目前我国针对人工养殖鲟病害的预防工作仍存在缺陷，如注射疫苗频率不科学、消毒措施缺乏重视、未采取经常性的检验措施等。另一方面，由于网箱养殖仍是鲟养殖的主要方式之一，在养殖过程中如果对养殖密度管理缺乏合理规划，出现鲟局部生活环境过于拥挤等现象，则容易导致疾病快速传播和局部缺氧等生存性障碍，造成鲟生长减缓、患病甚至死亡（夏美，2018）。此外，由于多种鲟都存在野生种质资源缺乏的情况，近亲交配现象较为普遍，如果人工养殖群体长期缺乏遗传管理，则容易出现抗病抗逆性状退化等问题；而野生捕捞的鲟可能携带大量可垂直传播给后代的病原体，一旦水体环境发生变化，很容易发病而引起鲟大规模死亡（韩丽军，2019）。

为了最大程度降低鲟养殖过程中病害的发生概率，我们不仅需要选择优质水源、改善养殖环境、保证合理的养殖密度，还需要严格遵守"以防为主，防重于治"的防控策略。刘广根等（2015）提出需要做到以下几点：①选择体质健壮、无病无伤的苗种进行放养；②放养前用药物浸浴消毒；③投喂新鲜优质饲料；④定期泼洒药物消毒水体和投喂药饵，提高鱼体免疫力；⑤发现鱼病，及时治疗；⑥引进新品种时做好检验检疫工作，不与其他鱼类混养。

第二章 鲟免疫系统

第一节 免疫组织及免疫细胞

一、鱼类免疫器官研究概述

鱼类免疫系统包括免疫器官、免疫组织、免疫细胞和体液免疫分子，执行防御、自身稳定和免疫监督功能（李风铃，2009；李海平，2012）。鱼类免疫系统是从低等到高等进化发展的，无颌鱼类没有真正的免疫器官，只有能产生免疫细胞的淋巴样组织；软骨鱼类免疫系统有了进一步发展，除了明显的胸腺和发育完全的脾，还具有性腺上器官和小肠螺旋瓣等；硬骨鱼类除了主要的头肾、胸腺和脾，还拥有弥散的黏膜组织免疫区域（Iwama and Nakanishi，1996；李风铃，2009）。鲟类是最古老的脊椎动物类群之一，进化地位处于软骨与硬骨鱼类的过渡阶段，其免疫系统至今没有明确定义（Zhu et al.，2016），现有研究表明鲟免疫器官主要包括头肾、胸腺和脾，免疫淋巴组织包括脑膜髓样组织、心包组织、皮肤黏膜组织、鳃组织和肠道黏膜（尤其是螺旋瓣淋巴黏膜）等组织（Fange，1986；Carmona et al.，2009；Gradil et al.，2014）。

（一）鱼类的头肾发育研究

鱼类头肾位于整个肾的最前端，围心腔上背方，通常为左右对称分布，形态结构因种类不同有所差异。成鱼头肾基本失去排泄功能，主要执行造血、内分泌和免疫功能，是 B 淋巴细胞增殖分化的中心，其组织形态类似于高等脊椎动物的骨髓（Zapata et al.，1991）。大海马（*Hippocampus kuda*）头肾组织中黑色素巨噬细胞中心（melano-macrophage center，MMC）的形成过程和功能研究证实了抗体发生细胞的存在，说明头肾是鱼类重要的抗体产生器官，具有中枢免疫器官及外周免疫器官的双重功能（Tsujiil and Seno，1990；史则超，2007；雷雪彬，2013）。头肾组织表面覆盖胶原纤维，组织内肾小管退化，主要为网状细胞、淋巴细胞和颗粒细胞等组成的网状淋巴结构（郭琼林和卢全章，1994；雷雪彬，2013）。根据免疫细胞的分布范围，头肾可划分为颗粒细胞聚集区和淋巴细胞聚集区等不同分区（初小雅，2016）。斑马鱼（*Danio rerio*）早期头肾以颗粒细胞和红细胞为主（Willett et al.，1999），大黄鱼（*Pseudosciaena crocea*）

头肾划分为颗粒细胞聚集区和淋巴细胞聚集区（徐晓津等，2008），南方鲇（*silurus meridionalis*）头肾可分为颗粒细胞聚集区、淋巴细胞聚集区和内分泌区三部分（岳兴建等，2004），杂交鲟（*Huso huso*♀×*Acipenser ruthenus*♂）头肾含丰富淋巴细胞、颗粒细胞、巨噬细胞和红细胞，组织内细胞聚集区分布未进一步划分（Fange，1986）。鱼类头肾由胚胎期的中胚层生肾节发育而来，发生发育过程具有物种特异性。吴金英和林浩然（2003）在斜带石斑鱼（*Epinephelus coioides*）孵化1 d观察到肾小管1对，出膜10 d观察到淋巴样细胞，出膜25 d组织开始淋巴化，但直至出膜60 d头肾中仍可见未完全退化的肾小管；Meng等（1999）观察到鲤（*Cyprinus carpio*）在出膜前1 d出现肾小管，出膜5 d可见小淋巴细胞分布，出膜9 d淋巴造血组织明显增加，出膜30 d肾小管显著减少而淋巴造血组织已填充整个头肾；钟明超和黄浙（1995）则观察到鲇（*Silurus asotus*）在出膜当天可见生肾组织，出膜2 d观察到1对肾小球和肾小管，出膜5 d肾被鳔分隔为头肾和体肾两部分，出膜10 d头肾中肾小管已开始退化，出膜16 d可见典型淋巴细胞，出膜30 d头肾组织与成鱼结构完全相同。鲟头肾个体发育研究尚未见到报道，但Fange（1986）描述了杂交鲟（*H. huso*♀×*A. ruthenus*♂）的头肾细胞组成，Lange等（2000）对1龄西伯利亚鲟（*A. baerii*）造血器官的研究中发现头肾为鲟重要造血器官，组织由各类成熟血细胞嵌入的网状基质组成，内含少量退化肾小管和肾间内分泌组织。此外，金头鲷（*Sparus aurata*）（Jósefsson and Tatner et al.，1993）、太平洋黑鲔（*Thunnus orientalis*）（Watts et al.，2003）和贝氏高原鳅（*Triplophysa bleekeri*）（温龙岚等，2009）等鱼类的头肾发生发育研究也被报道。

（二）鱼类的胸腺发育研究

鱼类胸腺位于鳃盖与咽腔交界的背上角，通常只有1对，呈对称分布，是鱼类的中枢免疫淋巴器官，是产生功能性T淋巴细胞的主要场所（李凤铃，2009；佟雪红，2010）。不同物种间胸腺发育存在一定差异。硬骨鱼类胸腺通常位于浅表，例如斜带石斑鱼（吴金英和林浩然，2008）；软骨鱼类胸腺有些出现内陷，例如牙鲆（*Paralichthys olivaceus*）胸腺最初附着于咽腔上皮表面，随后内陷包裹进咽腔上皮（Chantanachookhin et al.，1991）。此外，杯吸盘鱼（*Sicyases sanguineus*）每个咽腔都有1对胸腺，分为外胸腺和内胸腺，内胸腺会随年龄增长内陷（Gorgollon，1983）。Chilmonczyk（1992）认为鱼类胸腺内陷可能是脊椎动物胸腺进化进程中从浅表胸腺向中央胸腺进化的第一步。大多数硬骨鱼类和板鳃类胸腺组织可划分为皮质和髓质区，而皮髓质无明显分区的鱼类通常直接分为2～6个分区（Zapata，1980）。Manning（1994）通过组织学与免疫组化技术研究发现鱼类胸腺的皮质区主要在胸腺外层，髓质区主要在胸腺内层。谢海侠和聂品（2003）认为鱼类胸腺发育过程包括 3 个重要步骤，分别是淋巴母细胞在咽腔上皮定居，结缔组织和血管入驻胸腺实质，胸腺实质发生分区。鱼类胸腺的发育规律具有物种特异性。鲤胸腺原基在出膜 2 d 可见，出膜 5 d 观察到淋巴细胞活跃，出膜 7～8 d 细胞有丝分裂活动活跃，小淋巴细胞颜色深染，出膜 14 d 结缔组织入驻胸腺实质，但直至出膜 30 d 胸腺组织除细胞数量增加和体积增大外结构并无变化，无明显皮髓质分区（Botham and Manning，1981）；牙鲆（*P. olivaceus*）胸腺原基出膜 10 d 可见，出膜 21 d 组织开始淋巴化，出膜 30 d 结缔组织入驻胸腺实质，皮髓质开始分区，出膜 90 d 胸腺实质出现分叶（Chantanachookkhin et al.，1991）。鲟胸腺器官个体发育研究极少，Gradil 等（2014）研究了大西洋鲟（*A. oxyrinchus*[0]）胸腺器官的个体发育和细胞组成，首次观察到胸腺原基时间为出膜 48 d，胸腺组织已出现皮髓质分区，组织内以淋巴细胞为主，网状细胞连接成网状支架。此外，Fange（1986）对 0.5～2 龄高首鲟（*A. transmontanus*）和杂交鲟胸腺组织观察，可见胸腺组织皮髓质分区，器官内部已出现分叶，组织内以淋巴细胞为主，分布有网状细胞、肌样细胞、黏液细胞、红细胞和巨噬细胞，无哈氏小体结构。Lange 等（2000）观察到 1 龄西伯利亚鲟胸腺组织以淋巴细胞为主，皮髓质已分区，有哈氏小体结构；Salkova 和 Flajshans（2016）观察到养殖 6～14 月龄小体鲟（*A. ruthenus*）和 8.5 月龄短吻鲟（*A. brevirostrum*）胸腺组织含有哈氏小体结构，没有退化迹象。鱼类免疫器官的早期发育研究表明，胸腺是最早获得成熟淋巴细胞的免疫器官（Jósefsson and Tatner，1993），内含丰富的 T 淋巴细胞，胸腺细胞的成熟是鱼类机体免疫系统功能成熟的基本前提，关系着机体对外环境因子的应答和内环境稳态的维持，有着不可替代的重要作用。

（三）鱼类的脾发育研究

鱼类脾通常位于前肠和鳔之间，位置随鱼体发育，逐渐向腹部移动，体积随鱼体生长逐渐增大（徐革锋等，2012）。鱼类脾表面覆盖基膜，小梁渗入脾组织形成不规则的脾小叶。鱼类脾分为红髓和白髓，白髓内以淋巴细胞为主，可细分为淋巴鞘和脾小结，红髓由脾索和脾窦组成，占脾体积的2/3（李长玲和曹伏君，2002；谢碧文等，2010）。鱼类脾组织结构存在物种差异，吻鮈（*Rhinogobio typus*）脾不含小梁，红白髓混合，未形成淋巴小结和生发中心结构；福建纹胸鮡（*Glyptothorax fukiensis*）脾形成小梁，白髓内含丰富淋巴细胞，红白髓分区，不含淋巴小结（温龙岚等，2006）；黄鳝（*Monopterus albus*）脾小梁不明显，红白髓分区不明显，红髓致密，具有脾小结和生发中心（张训蒲和熊传喜，1993）。鱼类脾发育特征存在物种间差异。徐晓津等（2007）观察到大黄鱼脾原基在仔鱼出膜 4 d 可见，位置紧靠中肠前部，包围在胰组织内，发育速度较快，出膜

12 d 淋巴细胞增多；军曹鱼（*Rachycentron canadum*）脾发育速度稍慢，脾原基出膜 9 d 可见，淋巴化时间大约在出膜 24～29 d（苏友禄等，2008）；挪威舌齿鲈（*Dicentrarchus labrax*）脾发育周期较长，仔鱼出膜 17 d 后才观察到脾原基，生长至 1 龄时血管周围才出现淋巴组织（Abelli et al.，1996）。鲟脾器官的个体发育研究仅见 Gradil 等（2014）对大西洋鲟的报道，其脾原基在出膜 33 d 后首次被观察到，出膜 48 d 脾呈细长三角形，组织分化出红髓和白髓，内含椭圆体结构，细胞组成以未分化细胞为主，红细胞次之，淋巴细胞较少，所有样品均未发现 MMC。此外，Fange（1986）观察到 0.5～2 龄高首鲟脾组织分化为红髓和白髓，含有动脉周围淋巴鞘和淋巴滤泡结构，观察到淋巴细胞、粒细胞和散在巨噬细胞，70～170 g 杂交鲟脾组织中观察到小淋巴细胞、成纤维细胞、红细胞和粒细胞。Lange 等（2000）对 1 龄西伯利亚鲟造血组织的研究中发现脾组织分化为红髓和白髓，红髓中含大量成熟红细胞，白髓含弥散淋巴组织和淋巴滤泡结构。

二、中华鲟免疫器官的早期发育结果

鱼类免疫系统是参与鱼体免疫应答的细胞、组织和器官的总称。硬骨鱼类的免疫器官（组织）主要包括头肾、胸腺、脾和黏膜组织，它们是免疫细胞发生、分化、成熟、定居、增殖以及产生免疫应答的场所，是鱼类防御系统的基础，为鱼类防止病原入侵提供了最初的防线（张玉喜，2006；肖克宇，2011）。鱼类免疫器官发育研究已涉及淡水和海水众多种类，包括淡水的南方鲇（史则超，2007）、细鳞鲑（*Brachymystax lenok*）（徐革锋等，2012）和澳洲肺鱼（*Neoceratodus forsteri*）（Mohammad et al.，2010）等，海水的大菱鲆（*Scophthalmus maximus*）（佟雪红等，2011）、条斑星鲽（*Verasper moseri*）（肖志忠等，2008）、金头鲷（Jósefsson and Tatner，1993）和太平洋黑鲔（Watts et al.，2003）等，涵盖了鱼类分类学的多个分支，但鲟形目鱼类免疫器官发育研究极少，仅见大西洋鲟（*A. oxyrinchus*[0]）有部分报道（Gradil et al.，2014）。

（一）中华鲟的头肾发育

中华鲟的头肾位于心脏腹隔膜前背方，为肾管向前延伸至最前端的膨大部位，左右两叶呈对称分布，右侧略大于左侧（图 2-1A）。解剖学观察头肾为红褐色扁平器官，表面基膜覆盖，组织基部相连，后接腹腔肾最前端，组织前期呈弥散状，后期逐渐发育成实质状。

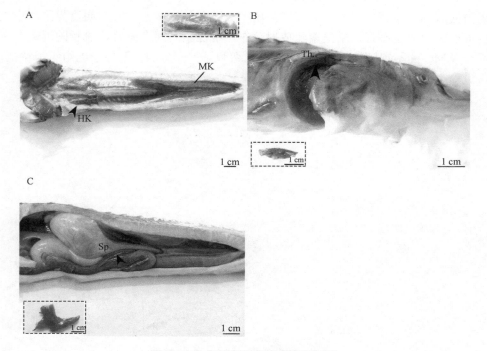

图 2-1 中华鲟主要免疫器官解剖图

A. 示 270 d 龄头肾（HK）和中肾（MK）位置，头肾用黑色箭头表示，插图为单侧头肾；B. 示 150 d 龄胸腺（Th）
位置，黑色箭头表示，插图为单侧腺体；C. 示 270 d 龄脾（Sp）位置，黑色箭头表示，插图为脾主体部分

1 dph 头肾部位已出现若干盘绕卷曲的肾小管，肾管主要由单层锥状细胞和立方上皮细胞组成，其细胞质呈淡粉色，细胞核较大，深染为蓝紫色，细胞排列较疏松（图 2-2A）。3 dph 头肾出现造血干细胞，细胞大而圆，细胞质淡染色，细胞核深染色，5 dph 可见肾小管快速扩张，血细胞聚集成团（图 2-2B）。9 dph 头肾体积增大，血细胞增殖为优势细胞，肾管间偶见淋巴样细胞分布，15 dph 可见头肾和胸腺间存在淋巴细胞"桥"连接现象，头肾组织内有小淋巴细胞（图 2-2C）。19 dph 头肾淋巴母细胞和小淋巴细胞（直径较小核深染）数量大幅增加并形成聚集区，肾管间静脉内有红细胞分布（图 2-2D）。26 dph 肾小管逐渐向头肾中央集中，肾管间淋巴细胞丰富，粒细胞聚集，偶见网状内皮细胞（图 2-2E）。39 dph 头肾体积显著增加，肾小管开始退化，上皮细胞核模糊不清，细胞质呈伊红深染，部分细胞轮廓和界限已不易辨别，组织内可见头肾静脉和血窦数量增加（图 2-2F）。65 dph 仍可见退化中的肾小管，器官内淋巴造血组织增加（图 2-2G）。92～150 dph 肾小管已完全退化，头肾主要由网状内皮系统支持下的淋巴组织构成，可见淋巴细胞、粒细胞和血细胞分布其中，血窦和肾静脉相间分布，组织边缘有许多黑色素细胞（图 2-2H）。180～300 dph，头肾组织中可见小梁渗入，边缘被膜增厚，组

织内细胞排列紧密，实质组织可区分出中央区和外周区，二者无明显界限，中央区淋巴组织环绕血管，略呈索状放射分布，淋巴索之间有血窦，血管附近散布有类似 MMC 的不规则结构，外周区以淋巴细胞排列密集的弥散性淋巴组织为特征，其血窦小而少（图 2-2I）。

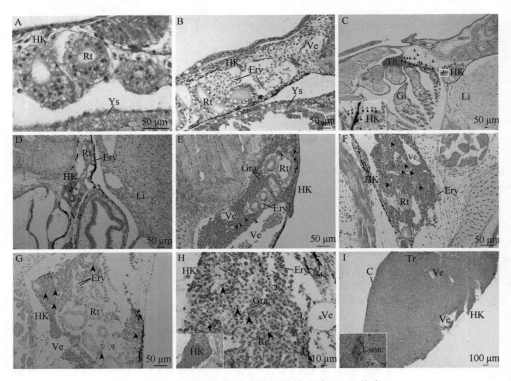

图 2-2　中华鲟头肾普通光学显微镜观察（HE 染色）

A. 1 d 龄仔鱼：示头肾（HK）、肾小管（Rt）和卵黄囊（Ys），插图为整体区域展示；B. 5 d 龄仔鱼：示血细胞（Ery）、头肾静脉（Ve）；C. 15 d 龄仔鱼：示头肾（HK）和胸腺（Th）间淋巴细胞（黑色箭头）迁移现象、鳃（Gi）、肝（Li），插图为相应图中矩形区域的放大；D. 19 d 龄仔鱼：示淋巴细胞（黑色箭头）聚集；E. 26 d 龄仔鱼：示粒细胞（Gra）；F. 39 d 龄仔鱼：示肾小管（Rt）开始退化；G. 65 d 龄稚鱼：示继续退化的肾小管（Rt）；H. 92～150 d 龄幼鱼：示网状内皮系统支持下的淋巴组织、黑色素细胞（Me）和网状细胞（Rc），插图为整体区域展示；I. 180～300 d 龄幼鱼：示小梁（Tr）嵌入头肾（HK）实质，被膜（C）增厚，插图示 300 d 龄类似黑色素巨噬细胞中心（L-MMC）结构

（二）中华鲟的胸腺发育

中华鲟的胸腺位于第 2 鳃弓背侧，前端伸入鳃盖深处，近头部顶骨，后端延伸至鳃腔背角，左右各一，呈对称分布（图 2-1B）。解剖学观察胸腺为质地松软的薄片状实质器官，其表面光滑，有微血管分布，颜色多为乳白色半透明，偶见血色斑痕。

　　7 dph 胸腺原基似椭圆形，主要由淋巴母细胞和未分化细胞组成，细胞呈圆形或不规则形，细胞核质比大，嗜碱性，未分化细胞染色较淋巴母细胞稍浅，不易区别，胸腺腹面为一层扁平上皮细胞与鳃腔相隔（图 2-3A）。12 dph 胸腺逐渐形成疏松网状结构，可见网状上皮细胞胞质突起连接成网，淋巴细胞和成纤维细胞等分布其中，淋巴细胞增多并开始淋巴化（图 2-3B）。15 dph 胸腺体积增加，器官主要由分化的淋巴细胞组成，淋巴细胞呈圆形，体积较小，嗜碱性强，细胞核质比大（图 2-3C）。20 dph 结缔组织和毛细血管开始渗入胸腺实质，血管附近可见数个红细胞；淋巴细胞数量增加，组织逐渐致密，体积增大；胸腺腹面为一层完整的鳃腔上皮，杯状黏液细胞分布其间（图 2-3D）。26 dph 胸腺出现分区，内区（相当于哺乳动物的胸腺髓质）细胞分布稀疏，成纤维细胞、网状上皮细胞较

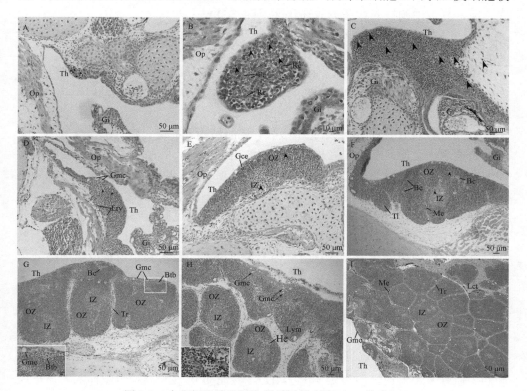

图 2-3　中华鲟胸腺普通光学显微镜观察（HE 染色）

A. 7 d 龄仔鱼：示胸腺原基（Th）、淋巴母细胞（黑色箭头）、鳃盖（Op）和鳃（Gi）；B. 12 d 龄仔鱼：示疏松网状纤维结构、网状上皮细胞（Rc）、成纤维细胞（Fc）；C. 15 d 龄仔鱼：示淋巴细胞（黑色箭头）；D. 20 d 龄仔鱼：示毛细血管进入胸腺（Th），Gmc 为黏液细胞，Ery 为血细胞；E. 26 d 龄仔鱼：示胸腺内区（IZ）、外区（OZ），鳃腔上皮（Gce）；F. 65 d 龄稚鱼：示胸腺小叶（Tl）、黑色素细胞（Me）和毛细血管（Bc）；G. 92～120 d 龄稚鱼：示血胸屏障（Btb），插图为相应图中矩形区域的放大；H. 150～180 d 龄幼鱼：示哈氏小体（Hc）结构，黏液细胞（Gmc）渗入皮质，外区淋巴细胞（Lym）较多，插图为 180d 龄哈氏小体（Hc）；I. 210～300 d 龄幼鱼：示胸腺（Th）整体结构，Tr 为小梁，疏松结缔组织（Lct）嵌入胸腺

多，淋巴细胞分布于网状基质内，该区染色较浅；外区（相当于哺乳动物的胸腺皮质）为胸腺腹侧部分，淋巴细胞数量多，体积小而密集，细胞深染（图 2-3E）。36～65 dph 胸腺分区明显，外区可见毛细血管分布，内含红细胞，组织边缘开始分叶，毛细血管旁出现黑色素细胞（图 2-3F）。92～120 dph 胸腺分叶明显，可见多个皮髓质分区，结缔组织和微血管形成小梁，皮质内毛细血管和网状上皮细胞增多，偶见血胸屏障（图 2-3G）。150～180 dph 胸腺分化成许多可见皮髓质分区的胸小叶，髓质区细胞较稀疏，可见胸腺小体（哈氏小体）及其类似结构；鳃腔上皮由多层上皮细胞、类肌细胞和黏液细胞组成，部分黏液细胞渗入皮质区域（图 2-3H）。210～300 dph 胸腺内可见大量疏松结缔组织，类肌细胞增加，小梁组织增厚，血管周围可见黑色素细胞，但未形成 MMC，鳃腔上皮与皮质区界限不明，黏液细胞嵌入皮质形成环状区（图 2-3I）。

（三）中华鲟的脾发育

中华鲟的脾位于胃和十二指肠之间的系膜上。解剖学观察脾为暗红色实质器官，其表面光滑，有基膜覆盖，分为前部的条带状和后部蝴蝶状两叶，稍扁平（图 2-1C）。

9 dph 观察到仔鱼卵黄囊未完全吸收，胃的结构不完善，脾原基位于肠壁、胰和卵黄囊组织之间，靠近或者连接胰组织，呈椭圆形。脾原基主要由疏松的间充质细胞和毛细血管网组成，内含网状细胞、造血干细胞和少数红细胞，组织外围的间充质细胞形成索状（图 2-4A）。15 dph 脾体积增大，被膜为扁平成纤维上皮；血细胞分化活跃，分布在间充质细胞形成的索间，偶见圆形嗜碱性淋巴样细胞分布（图 2-4B）。26 dph 脾与胰相连，组织内红细胞数量激增，成为优势细胞；微血管发达，形成原始脾窦；网状组织内有淋巴细胞、粒细胞和少量巨噬细胞分布（图 2-4C）。33 dph 脾血管系统发达，可见脾窦和椭圆体分布。脾窦即脾静脉窦，形状不规则，大小不一，窦壁由不连续的内皮细胞构成，细胞间隙大，胞核常突出于腔内，窦腔内含红细胞、淋巴细胞和少量巨噬细胞。椭圆体是具有厚壁的毛细血管，血管的管腔狭小，大多只能容单个红细胞通过，稍大管腔可容 2～4 个红细胞通过；血管内皮细胞外通常为一层巨噬细胞包围，椭圆体末端开放于脾髓中，脾髓中血管及小淋巴细胞增多（图 2-4D）。42 dph 脾被膜结缔组织伸入实质形成由 2～3 层成纤维细胞构成的索状小梁，未见平滑肌。小梁间填充有网状组织，构成脾实质的海绵状多孔隙细微支架；脾内淋巴细胞有聚集趋势，未分化出白髓和红髓（图 2-4E）。65 dph 脾网状内皮组织发达，血管系统进一步完善，可见中央动脉和静脉并行排列。动脉壁较厚，管腔内皮为一层扁平细胞，细胞核呈椭圆形向管腔内突起，管壁含丰富的平滑肌，管腔小而规则；静脉壁较薄，管腔内皮不如动脉清晰，内含平滑肌薄，管腔较大（图 2-4F）。92～120 dph 脾分化出白髓和红髓区域，二者相间分布，无明显界限。白髓主要由淋巴细胞组成，可见淋巴细胞聚集区；红髓主要为密集的红细胞，由脾索和脾窦组成，二者不易辨别（图 2-4G）。150～180 dph 脾髓质分化为多个不规则区域，红髓连接成片，白髓面积较小；白髓中可见散布的黑色素巨噬细胞，胞核大而胞质少，含有黄褐色颗粒（图 2-4H）。240 dph 脾内观察到聚集的 MMC，300 dph 可见中央区白髓面积较大，边缘区较小，而红髓几乎连接成片，大静脉和中央动脉分布在组织内清晰可见（图 2-4I）。

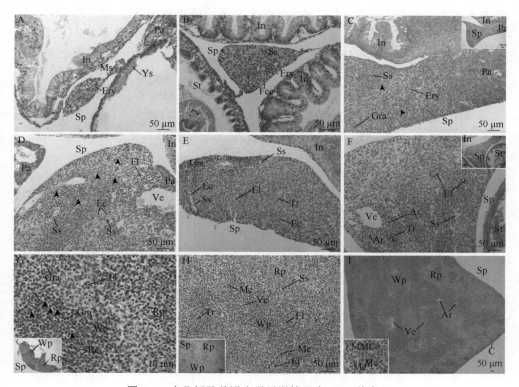

图 2-4　中华鲟脾普通光学显微镜观察（HE 染色）

A. 9 d 龄仔鱼：示脾（Sp）、胰（Pa）、肠（In）、卵黄囊（Ys）、间充质细胞链（Ms）和血细胞（Ery）；B. 15 d 龄仔鱼：示脾索（Sc）、纤维上皮（Fec）、胃（St）；C. 26 d 龄仔鱼：示脾窦（Ss）、粒细胞（Gra）和淋巴细胞（黑色箭头）；D. 33 d 龄仔鱼：示脾窦（Ss）、椭圆体（El）、示静脉（Ve）和内皮细胞（Ec）；E. 42 d 龄稚鱼：示小梁（Tr）、淋巴聚集区（Lym）；F. 65 d 龄稚鱼：中央动脉（Ar），插图为整体区域展示；G. 92～120 d 龄稚鱼：示白髓（Wp）和红髓（Rp），插图为整体区域展示；H. 150～180 d 龄幼鱼：示白髓（Wp）内部结构，黑色素巨噬细胞（Me），插图为整体区域展示；I. 210～300 d 龄幼鱼：示脾（Sp）整体结构，插图示 240 d 龄黑色素巨噬细胞中心（MMC）

（四）中华鲟免疫器官发育讨论

1. 中华鲟免疫器官的早期发育特点

中华鲟免疫器官原基出现的先后顺序是头肾、胸腺和脾，淋巴化顺序是胸腺、头肾和脾，该结果与大多数淡海水鱼类存在差异，但同大西洋庸鲽（*Hippoglossus hippoglossus*）（Patel et al.，2009）和鳜（*Siniperca chuatsi*）（马红等，2007）的发育相同。研究发现淡水和海水鱼类免疫器官原基的发生顺序不同，如草鱼（*Ctenopharyngodon idella*）（雷雪彬，2013），南方鲇（史则超，2007）和细鳞鲑（徐革锋等，2012）等淡水鱼类大多为胸腺、头肾和脾，而大菱鲆（Padrós and Crespo，1996）、金头鲷（Jósefsson and Tatner，1993）和太平洋黑鲔（Watts et al.，2003）等海水鱼类为头肾、脾和胸腺。淡水和海水鱼类免疫器官的淋巴化顺序大多一致，均为胸腺、头肾和脾，但条石鲷（*Oplegnathus fasciatus*）（Xiao et al.，2013）和大西洋鳕（*Gadus morhua*）（Schroder et al.，1998）较特殊，均为头肾先淋巴化，然后才是胸腺或脾。关于这种发育顺序的不同，目前还没有确切的证据解释，Schroder 等（1998）认为可能是鱼体对养殖环境水温的适应结果，马红等（2007）认为可能与仔鱼孵化后要经历环境渗透压调节和变态过程有关系，而 Liu 等（2004）在牙鲆（*Paralichthys olivaceus*）的研究中认为这可能与鱼类本身免疫机制的差别有关。

现有研究表明，脊椎动物的免疫活性主要依赖淋巴器官（组织）的生成和发育，而成熟淋巴细胞的分化迟于淋巴器官（组织）的发生，因此鱼类淋巴细胞具有免疫功能可能更晚，要到幼鱼期以后（徐革锋等，2012）。实验结果表明，中华鲟免疫器官原基出现较早，但发育速度较慢，其组织形态学的变化持续至幼鱼阶段。我们推测仔鱼至幼鱼阶段鱼苗的免疫力较低，容易出现死亡高峰，可能与免疫器官发育缓慢，早期免疫功能不完善有关系。另外，鱼类 MMC 有储存铁血黄素和参与红细胞凋亡过程的作用，通常出现在淋巴器官发育成熟后的幼鱼阶段（Agius，1979 和 1981）。中华鲟头肾、胸腺和脾组织在幼鱼阶段可见黑色素细胞和黑色素巨噬细胞中心，也说明其免疫器官成熟较晚，这同牙鲆（Liu et al.，2004）和真裸南极鱼（*Harpagifer antarcticus*）（O'Neill，1989）的研究结果相似。因此，建议早期仔稚幼鱼的培育过程中加强病害防治和早期疫苗的开发，但疫苗免疫的最佳时机还需进一步研究。

2. 中华鲟头肾的发育特征

鱼类肾的形态分为五种，解剖学表明中华鲟的肾属于第三种，即左右肾的后部相连，头肾较明显，位于心脏腹隔膜前背方，左右两叶对称分布，这与白鲟（*Psephurus gladius*）的肾解剖学结果相似（孟庆闻等，1987）。中华鲟在出膜时即可见许多肾小管分布，3 dph 开始出现造血干细胞，15 dph 组织开始淋巴化，39～65 dph 肾小管出现退化，组织内出现血窦，器官进一步淋巴化，92 dph 肾小管已完全退化，头肾主要由血窦、血细胞、各类粒细胞和淋巴细胞构成。头肾由最初具有泌尿功能的器官转变为免疫器官，中间经历了兼有泌尿、造血和免疫功能的混合型阶段，组织在解剖形态学上也经历了由弥散状向实质状的转变过程，这与条石鲷（Xiao et al.，2013）、五条鰤（*Seriola quinqueradiata*）、真鲷（*Pagrus major*）和日本牙鲆（Chantanachookhin et al.，1991）等硬骨鱼类的头肾发育过程相似。15 dph 头肾与胸腺之间可见淋巴细胞"桥"连接现象，此时头肾淋巴细胞数量少，主要由血细胞和肾小管组成，而胸腺已开始淋巴化，内含大量淋巴细胞，组织周围亦可见淋巴细胞散布。因此我们推测淋巴细胞的迁移方向可能是从胸腺向头肾迁移，这与牙鲆（Liu et al.，2004）、金头鲷（Jósefsson and Tatner，1993）和太平洋黑鲔（Watts et al.，2003）等的发育过程相似。180～300 dph 头肾组织学形态变化已不明显，完全成为由淋巴组织和血窦构成的实质器官，执行造血和免疫功能。

3. 中华鲟胸腺的发育特征

鱼类胸腺通常只有 1 对，分布在鳃腔背侧，左右对称，具有表面化特点，对鱼类口腔和鳃的抗感染发挥重要作用（徐革锋等，2012）。中华鲟胸腺与大部分硬骨鱼类相似，位于鳃腔背角，呈对称分布，但有少数鱼类的胸腺位置或数量较特殊，如虹鳟（Tatner and Manning，1982）的胸腺位于咽腔上皮之下，澳洲肺鱼（Mohammad et al.，2010）的胸腺位于鳃弓的前侧，杯吸盘鱼（Gorgollon，1983）的胸腺虽在鳃弓背侧，但其拥有多个胸腺，外胸腺不发达而内胸腺随年龄内陷。中华鲟在 7 dph 可见胸腺原基，12 dph 开始淋巴化，26 dph 出现内外分区，65 dph 已开始分叶。该过程与太平洋黑鲔（Watts et al.，2003）的早期发育相似，但与大西洋鲟（Gradil et al.，2014）的发育不同，前者 5 dph 可见胸腺原基，15 dph 即出现胸腺分区，而后者 48 dph 才观察到胸腺原基，且已出现胸腺分区。我们推测可能与养殖水温的不同有关，中华鲟和太平洋黑鲔的培育水温分别为 12.9～22.6℃和 27℃，而大西洋鲟培育水温一直为 11℃，可能是低温导致器官发育迟缓。150～180 dph 胸腺分化成许多小叶，髓质区可见胸腺小体分布，这与 Salkova 和 Flajshans（2016）对小体鲟（*A. ruthenus*）和短吻鲟（*A. brevirostrum*）幼鱼胸腺的研究结果一致。210～300 dph 疏松结缔组织嵌入胸腺实质，类肌细胞激增，胸腺结构致密，这与成年澳洲肺鱼（Mohammad et al.，2010）和尼罗罗非鱼（*Oreochromis niloticus*）（Cao et al.，2017）的胸腺结构相似。本研究内未观察到中华鲟胸腺大量脂肪细胞分布和皮髓质区域模糊不清现象，所以无法判断中华鲟胸腺在该阶段是否出现退化。

4. 中华鲟脾的发育特征

脾是鱼体最大的淋巴髓质组织，其位置和形状与鱼的体型及内脏器官的形态有关系。中华鲟的脾位于胃和十二指肠间的系膜上，分为前部的条带状和后部的蝴蝶状两叶，这与南方鲇（史则超，2007）的脾形态略相似，但不同于鲨类的三角形脾和狗鱼的铲形脾（孟庆闻等，1987）。中华鲟在 9 dph 可见脾原基，33 dph 左右脾开始淋巴化，组织内含大量血细胞，脾窦和椭圆体结构，92 dph 可见脾分化出红白髓区域。这与大西洋庸鲽（Patel et al.，2009）、真裸南极鱼（O'Neill，1989）和大西洋鲟（Gradil et al.，2014）脾的早期发育过程相似，其脾发育速度较慢，最终分化出椭圆体结构和红白髓分区。180 dph 脾内可见黑色素巨噬细胞分布并形成聚集中心，这与新西兰长体多锯鲈（*Polyprion oxygeneios*）（Parker et al.，2012）、五条鰤和真鲷（Chantanachookhin et al.，1991）等幼鱼脾发育的结果相同。中华鲟脾的微血管系统较发达，内含许多脾窦和椭圆体，小梁不发达，红白髓分区较明显，具有类似动脉周围淋巴鞘和淋巴滤泡结构，但未形成明显的淋巴小结和生发中心，推断中华鲟脾具有免疫、造血、滤血和贮血的功能。

（五）小结

通过解剖学方法观察了中华鲟仔鱼、稚鱼和幼鱼阶段免疫器官的早期发育过程。结果显示，中华鲟头肾位于心脏腹隔膜前背方，肾管向前延伸至最前端的膨大部位，为左右两叶对称分布的红褐色扁平器官，组织早期呈弥散状，后期发育为实质状；胸腺位于第 2 鳃弓的背侧，前端伸入鳃盖深处，后端延伸至鳃腔背角，为左右对称、表面光滑、质地松软的 1 对乳白色半透明薄片状实质器官；脾位于胃和十二指肠之间的系膜上，早期包裹在胰组织内，后期分离出来并逐渐移动至鱼体腹部，为表面光滑、覆盖基膜的暗红色实质器官，主体部分为前部条带状和后部蝴蝶状两叶。

通过连续石蜡切片技术和普通光学显微观察研究了中华鲟免疫器官的早期发育过程。结果显示，中华鲟头肾原基在 3 dph 可见，15 dph 开始淋巴化并可见头肾与胸腺间有淋巴细胞"桥"连接现象，39 dph 肾小管出现退化，92 dph 肾小管完全退化，150 dph 转化为完全的淋巴造血组织，180 dph 结缔组织渗入，300 dph MMC 类似结构可见，头肾组织与成鱼结构类似。头肾由最初的泌尿功能器官转变为免疫器官，中间经历了兼有泌尿、造血和免疫功能的混合阶段。胸腺原基在 7 dph 可见，12 dph 开始淋巴化，20 dph 结缔组织和毛细血管入驻胸腺实质，26 dph 出现分区（皮质区与髓质区），92 dph 出现分叶，180 dph 哈氏小体可见，210 dph 疏松结缔组织大量渗入实质。未见淋巴细胞的大量凋亡和脂肪细胞的大量生成，无法判断胸腺在该阶段是否退化。脾原基在 9 dph 可见，33 dph 开始淋巴化，42 dph 结缔组织入驻脾实质，92 dph 红髓和白髓分区，150 dph 红髓连片，240 dph MMC 可见。脾微血管系统发达，红白髓分区较明显，具有类似动脉周围淋巴鞘和淋巴滤泡结构，推断中华鲟脾具有免疫、造血、滤血和贮血功能。总体而言，中华鲟免疫器官发育具有原基发生时间早、发育速度慢和发育周期长的特点。仔鱼至早期幼鱼阶段免疫系统发育不完善，建议鱼苗培育过程中加强病害防治和早期疫苗的开发。

三、中华鲟幼鱼免疫器官的超微结构结果

免疫细胞泛指参与免疫应答的所有细胞，主要包括淋巴细胞和髓样细胞。淋巴细胞是免疫系统的核心细胞，主要承担获得性免疫应答的任务，具有多样性、特异性、免疫记忆和自我识别等免疫特性；髓样细胞是由髓样前体细胞分化而来的非淋巴细胞群，包括单核细胞、颗粒细胞、巨核细胞、红细胞前体细胞和巨噬细胞等，具有吞噬和消灭微生物、递呈抗原、分泌细胞因子等作用（郑世军，2015）。

近年来，关于鱼类免疫系统的研究课题与日俱增，但鲟免疫器官和免疫细胞的研究依然很少。Fange（1986）对高首鲟和杂交鲟各免疫组织结构和细胞组成进行了简要的概括研究，Lange 等（2000）通过石蜡切片技术对 1 龄西伯利亚鲟造血器官进行研究，报道了头肾、胸腺和脾组织结构的组成。此外，鲟外周血细胞的研究近年得到了重视，达氏鳇（*H. dauricus*）（周玉等，2006）、史氏鲟（Liu et al.，2006）和中华鲟（Gao et al.，2007；张艳珍等，2018）等的外周血细胞结构已被报道。但鲟免疫器官及其组成细胞的超微结构研究依然极少，目前仅见 Gradil 等（2014）对大西洋鲟幼鱼脑膜髓样组织、脾组织和胸腺组织进行了较为详细的报道。中华鲟作为国家一级保护动物，目前处于极危状态，野外自然繁殖发生呈现出"连续到偶发"的状态（吴金明等，2017），加上养殖子二代细菌性疾病的频发，加快中华鲟免疫系统的基础研究，搞清楚各免疫器官结构组成对其疾病预防和疫苗研发等尤为重要（张书环等，2017；邸军等，2018；Di et al.，2018）。

（一）中华鲟幼鱼头肾细胞超微结构

电镜下观察到中华鲟幼鱼头肾为网状淋巴样组织，可分为淋巴细胞聚集区和粒细胞聚集区。组织内细胞种类丰富，颗粒细胞和红细胞广泛分布，淋巴细胞排列较紧密，还可见单核细胞、巨噬细胞、黑色素巨噬细胞、网状细胞和成纤维细胞等分布。颗粒细胞在头肾组织中广泛分布，主要为嗜中性粒细胞和嗜酸性粒细胞。嗜中性粒细胞形态类呈椭圆形或不规则，细胞核分叶或杆状，异染色质成带分布在核边缘和中心，细胞质丰富，内含线粒体、粗面内质网和小管泡等细胞器，胞质内特殊颗粒为电子密度较深的圆形、杆状或椭圆形颗粒（图 2-5A）。嗜酸性粒细胞形态呈椭圆形或不规则，细胞核不规则，异染色质呈团分布在核边缘和中心，细胞质丰富，内含丰富的线粒体、高尔基体、粗面内质网和游离核糖体等细胞器，特殊颗粒为圆形或椭圆形，大小不一，电子密度不同（图 2-5B）。淋巴细胞是头肾组织的重要组成部分，通常为多个小淋巴细胞排列一起，细胞近球形或

椭圆形，胞核不规则，略成圆形或偶有凹陷，胞质较少，内含线粒体和少数溶酶体。此外，还观察到一种胞体表面有许多细长突起，核分叶，胞质内含线粒体和游离核糖体的异形淋巴细胞（图 2-5C）。单核细胞在头肾组织中分布较多，细胞体积大，近球形，表面具有长短不一的细突起，细胞核呈大"C"形或分叶，细胞质丰富，内含丰富的线粒体、粗面内质网、高尔基复合体和溶酶体等细胞器，还可见少量特殊颗粒和空泡分布（图 2-5D）。巨噬细胞在头肾中分布较多，胞体较大，胞核不规则，常染色质为主，胞质内有线粒体、高尔基复合体和溶酶体等细胞器，内质网发达，大多为粗面内质网，有时还有吞噬异物存在（图 2-5E）。黑色素巨噬细胞胞体不规则，有伪足，细胞核电子密度高，不规则，胞质电子密度低，内含大量粗面内质网、游离核糖体和线粒体，还可见胞质内形成大小不一的嗜染颗粒（图 2-5B）。此外，组织内还可见起支持作用的成纤维细胞和正在分裂的红细胞（图 2-5F）。

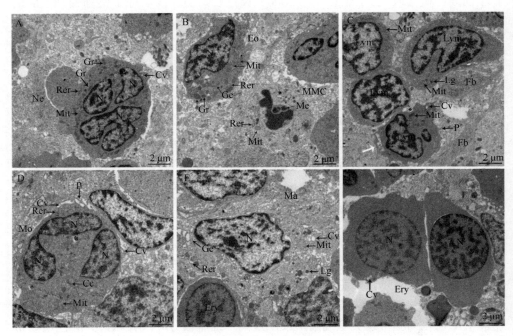

图 2-5 中华鲟头肾细胞超微观察（TEM）

A. 嗜中性分叶核粒细胞（Ne）；B. 嗜酸性粒细胞（Eo）和黑色素巨噬细胞中心（MMC）；C. 淋巴细胞（Lym），白箭头为类 NCC 淋巴细胞；D. 单核细胞（Mo）；E. 巨噬细胞（Ma）；F. 分裂的红细胞（Ery）；Fb. 成纤维细胞；N. 细胞核；Mit. 线粒体；Rer. 粗面内质网；Gr. 特殊颗粒；Cv. 管泡；Gc. 高尔基复合体；Me. 黑色素；Lg. 溶酶体样颗粒；p. 伪足；*为吞噬的异物

（二）中华鲟幼鱼胸腺细胞超微结构

电镜下观察到中华鲟幼鱼胸腺组织结构较简单，淋巴细胞是最主要的细胞，网状支架由网状细胞、成纤维细胞、纤维细胞和内皮细胞组成，淋巴细胞广泛分布其间。淋巴细胞是胸腺组织中分布最广、数量最多的细胞，密集排列在网状上皮细胞周围，可分为大淋巴细胞和小淋巴细胞两类。大淋巴细胞胞体不规则，细胞核大，近圆形或椭圆形，异染色质为高密度电子的染色质，呈深色分布在核内和核边缘，细胞质呈窄环状分布在核周围，可见线粒体或囊泡结构；小淋巴细胞结构与大淋巴细胞相似，胞体更小，胞质内可见囊泡结构或不含细胞器（图 2-6A）。网状上皮细胞是胸腺网状支架的重要组成部分，电镜下观察到两种不同类型的网状上皮细胞，本文分为Ⅰ型和Ⅱ型。Ⅰ型网状上皮细胞胞体不规则，胞质和胞核电子密度低，胞核内异染色质少，胞质内可见线粒体、粗面内质网和囊泡结构，张力丝丰富，胞质突起短（图 2-6B）。Ⅱ型网状上皮细胞体积较大，胞体略呈扁平的星状，胞核电子密度较周围淋巴细胞低（与Ⅰ型网状上皮细胞电子密度对比），形状不规则，异染色质成团分布在核中央，胞质内有发达的内质网和聚集成束的

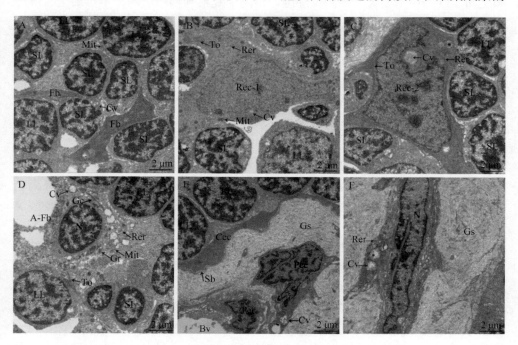

图 2-6　中华鲟胸腺细胞超微观察（TEM）

A. 大淋巴细胞（LL）、小淋巴细胞（SL）和静止状态的成纤维细胞（Fb）；B. Ⅰ型网状上皮细胞（Rec-1）；C. Ⅱ型网状上皮细胞（Rec-2）；D. 功能活跃的成纤维细胞（A-Fb）；E. 血管周围内皮细胞（Pec）；F. 类指状突起细胞的特殊细胞；N. 细胞核；Mit. 线粒体；Cv. 管泡；Rer. 粗面内质网；To. 张力丝；Gc. 高尔基复合体；Gr. 特殊颗粒；Bv. 血管；Sb. 间隔基膜；Cec. 上皮细胞胞质；Gs. 基质

张力丝，还可见吞噬空泡和吞噬物存在，胞质突起长，嵌入周围细胞之间形成网状结构（图 2-6C）。成纤维细胞是胸腺网状支架的基本组成细胞，胸腺中存在两种状态，第一种为功能活跃的状态，电镜下为扁平状星形细胞，细胞核呈卵圆形或不规则，电子密度高，胞质内有发达的线粒体、粗面内质网和高尔基复合体，可见许多管泡和特殊嗜染颗粒，胞体有细长的胞突，边缘部张力丝成束并延伸至周围组织（图 2-6D）；第二种为相对静止的状态，数量较多，胞体呈长条的梭形或不规则形，胞质和胞核电子密度较低，内质网和高尔基体等细胞器不发达（图 2-6A），两种状态在一定条件下可以相互转化。胸腺血管周围内皮细胞胞体形态多变，胞核不规则，常有分叶，异染色质多沿核膜分布，胞质内常含线粒体、少量游离核糖体和吞噬泡（图 2-6E）。胸腺基质内还观察到类似指状突起细胞的特殊细胞（图 2-6F）。

（三）中华鲟幼鱼脾细胞超微结构

电镜下观察到中华鲟幼鱼脾为网状细胞淋巴样组织，复杂程度介于头肾和胸腺之间。红髓中主要为密集的红细胞，白髓中观察到颗粒细胞、单核细胞、淋巴细胞和巨噬细胞等的分布。脾组织中红细胞分布广泛，电镜下可区分出成红细胞、成熟红细胞和即将降解的衰老红细胞这三种类型。成红细胞的胞核椭圆形，表面光滑，体积大小不一，胞质略透明状，胞质内几乎无细胞器，偶见线粒体分布；成熟红细胞形态与红细胞相似，胞核更大，胞质致密，内含空泡结构，部分空泡含有吞噬物，无其他细胞器分布，核仁不明显，但仍可见轮廓；即将降解的衰老红细胞，胞核正圆，异染色质电子密度极高，胞质电子密度低，呈雪花样结构填充，还可见类似线粒体结构存在（图 2-7A～C）。嗜酸性粒细胞在脾中较为常见，胞核形态不规则，胞质内含高电子密度的特殊颗粒。本文根据胞质内含特殊颗粒的形态和数量不同分为三种类型。Ⅰ型嗜酸性颗粒细胞，细胞核马蹄形，异染色质丰富，胞质内特殊颗粒数量少，颗粒个体较小，体积不足胞体 1/3；Ⅱ型嗜酸性颗粒细胞，细胞核不分叶，偏向一侧，胞质内特殊颗粒数量多，大小颗粒各半，体积约占胞体 2/3；Ⅲ型嗜酸性颗粒细胞，细胞核分叶，偏向一侧，胞质内特殊颗粒数量多，个体较大，体积超过胞体 2/3，特殊颗粒有向胞外扩散的趋势（图 2-7D～F）。淋巴细胞胞体多为球形或椭圆形，细胞核体积大，呈球形或偶见凹陷，电子密度高，异染色质主要沿核边缘分布，中央为岛状分布，细胞质稀少，内含细胞器少，偶见线粒体和空泡结构（图 2-7G）。单核细胞胞体多变形，表面有短突起，细胞核较大，核内异染色质较少，沿核边缘分布，中央呈岛状分布，胞质内可见大小不等的空泡结构，空泡内偶有吞噬颗粒（图 2-7H）。巨噬细胞胞体较大，形态不规则，有伪足分布，细胞核大小不一，核内异染色质较少，主要沿核膜分布，胞质内含线粒体、溶酶体、粗面内质网和高尔基复合体等细胞器，还可见胞质内含被吞噬的细胞碎片和其他吞噬颗粒（图 2-7I）。

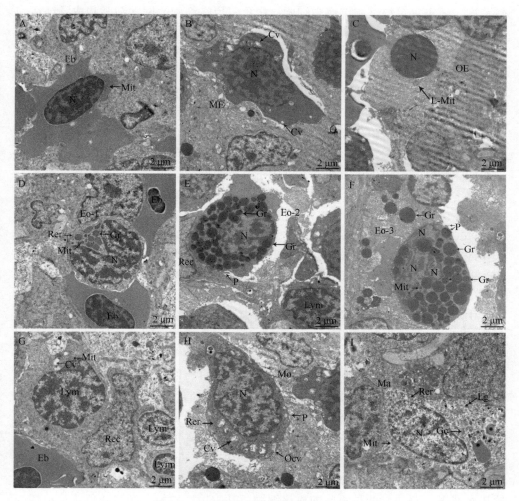

图 2-7　中华鲟脾细胞超微观察（TEM）

A. 成红细胞（Eb）；B. 成熟红细胞（ME）；C. 即将降解的衰老红细胞（OE）；D. Ⅰ型嗜酸性粒细胞（Eo-1）；E. Ⅱ型嗜酸性粒细胞（Eo-2）；F. Ⅲ型嗜酸性粒细胞（Eo-3）；G. 淋巴细胞（Lym）和网状上皮细胞（Rec）；H. 单核细胞（Mo）；I. 巨噬细胞（Ma）；N. 细胞核；Mit. 线粒体；Cv. 管泡；L-Mit. 类似线粒体结构；Rer. 粗面内质网；Gr. 特殊颗粒；p. 伪足；Ocv. 管泡在细胞表面的开口；Lg. 溶酶体样颗粒；Gc. 高尔基复合体；*为被吞噬的细胞碎片

（四）中华鲟幼鱼免疫器官超微结构讨论

1. 中华鲟幼鱼头肾细胞的特征

电镜下观察到中华鲟幼鱼头肾组织结构最为复杂，分为淋巴细胞聚集区和粒细胞聚集区，组织内细胞种类较多，颗粒细胞和红细胞广泛分布，淋巴细胞排列较紧密，还可见单核细胞、巨噬细胞、黑色素巨噬细胞、网状细胞和成纤维细胞等分布。这与大多数鱼类头肾结构相似，斜带石斑鱼（吴金英和林浩然，2003）头肾主要为红细胞和白细胞组成，电镜下观察到淋巴细胞、颗粒细胞、巨噬细胞、单核细胞和网状细胞的超微结构，大黄鱼（徐晓津等，2008）幼鱼头肾实质分为淋巴细胞聚集区和粒细胞聚集区，电镜下观察到颗粒细胞、浆细胞、单核细胞和淋巴细胞的超微结构。

中华鲟幼鱼头肾组织中淋巴细胞主要为小淋巴细胞，大多数与胸腺内小淋巴细胞结构相同，通常为多个细胞排列，但数量和紧密程度不及胸腺组织。鱼类淋巴组织中除常规淋巴细胞外还存在细胞毒性淋巴细胞，主要包括非特异性细胞毒性细胞（nonspecific cytotoxic cell，NCC）、细胞毒性 T 细胞（cytotoxic T lymphocytes，CTL）和自然杀伤样细胞（natural killer-like cell，NK-like cell）（Shen et al.，2002）。中华鲟幼鱼头肾组织中观察到一种胞体表面具细长突起、胞质内含大型线粒体、胞核出现分叶的异型淋巴细胞，该细胞类似活化状态的斑点叉尾鲴 NCC，刘小玲（2006）在黄颡鱼外周血细胞的超微结构研究中也观察到类似淋巴细胞。

中华鲟幼鱼头肾中颗粒细胞主要为嗜中性粒细胞和嗜酸性粒细胞。嗜中性粒细胞超微结构特点与已报到的中华鲟（Gao et al.，2007；张艳珍等，2018）外周血嗜中性粒细胞结构一致，也与斑马鱼（Willett et al.，1999）早期造血组织中嗜中性粒细胞结构相符；嗜酸性粒细胞超微结构特点与罗非鱼（Abdel and Suzan，2010）头肾嗜酸性粒细胞结构报道一致，但与中华鲟外周血嗜酸性粒细胞结构不同，表现为头肾嗜酸性粒细胞特殊颗粒个体更小和胞质内线粒体数量更多，这可能与头肾和外周血组织为细胞所提供的微环境不同有关。

中华鲟幼鱼头肾中单核细胞超微结构与鲤（Cenini，1984）免疫组织中报道的单核细胞结构相符，Santos 等（2011）对小锯盖鱼（*Centropomus parallelus*）头肾进行研究，观察到两种不同的单核细胞，其中第二种与中华鲟幼鱼头肾单核细胞的结构相符。此外，头肾中还分布有巨噬细胞和黑色素巨噬细胞，超微结构的典型特点与斑马鱼（王新栋等，2019）和小锯盖鱼（Santos et al.，2011）组织内报道一致，在免疫防御和清理衰老细胞方面起着重要的作用。

2. 中华鲟幼鱼胸腺细胞的特征

电镜下观察到中华鲟幼鱼胸腺组织结构简单，淋巴细胞为最主要的细胞，网状支架由网状细胞、成纤维细胞、纤维细胞和内皮细胞组成，淋巴细胞广泛分布其中。这同齐口裂腹鱼（潘康成和方静，2002）和罗非鱼（Cao et al.，2017）胸腺组织的超微结构相似，二者胸腺组织网状支架均为网状细胞和纤维细胞组成，内含淋巴细胞、巨噬细胞和肥大细胞等免疫细胞。

中华鲟幼鱼胸腺组织中淋巴细胞分为大淋巴细胞和小淋巴细胞，细胞数量多于头肾和脾组织，排列也更紧密，这与 Gradil 等（2014）对大西洋鲟幼鱼淋巴细胞分布特点的研究结果一致，即电镜下观察到大西洋鲟幼鱼胸腺和脾组织内淋巴细胞数量分别占各组织总细胞数量的 72.32% 和 5.0%，胸腺内淋巴细胞排列紧密，脾内稀疏，头肾未进行研究。中华鲟幼鱼大小淋巴细胞超微结构相似，均具有较大的细胞核，极少的细胞质和较少的细胞器等特点，这同大多数鱼类胸腺淋巴细胞结构相似。此外，除常规淋巴细胞，Zapata（1980）在对板鳃类研究时发现背棘鳐（*Raja clavata*）和石纹电鳐（*Torpedo marmorata*）胸腺内含有淋巴母细胞，胞体大于常规淋巴细胞，胞核和胞质电子密度较低，可见有丝分裂现象；马燕梅等（2008）观察到花鲈（*Lateolabrax japonicus*）胸腺组织内存在凋亡淋巴细胞，细胞内线粒体肿胀、细胞自噬体与溶酶体融合。

中华鲟幼鱼胸腺组织中网状上皮细胞可分为两种类型，Ⅰ型电子密度低，外观呈不规则形；Ⅱ型电子密度略高，外观呈扁平星状，胞质有长突起。观察到Ⅰ型网状上皮细胞超微结构与斑马鱼（Willett et al.，1999）报道相符；Ⅱ型网状上皮细胞与板鳃类（Zapata，1980）报道相符，澳大利亚肺鱼（Mohammad et al.，2010）皮质中树突样网状上皮细胞与本研究Ⅱ型细胞超微结构一致。研究表明，鱼类与其他脊椎动物一样，胸腺上皮细胞具有不均一性，根据细胞所在位置和超微结构可分为不同类型，对胸腺淋巴细胞的分化和成熟过程起重要作用（Romano et al.，1999），例如胸腺上皮细胞产生胸腺素可作用于淋巴细胞，使其具有免疫能力，同时辅助控制胸腺细胞的微环境（Savino and Dardenne，2000）。

3. 中华鲟幼鱼脾细胞的特征

电镜下观察到中华鲟幼鱼脾网状淋巴样组织的复杂程度介于头肾和胸腺之间，红髓中有密集的红细胞，白髓中观察到颗粒细胞、单核细胞、淋巴细胞和巨噬细胞等的分布。这同南方鲇（史则超，2007）和斑马鱼（王新栋等，2019）脾组织的超微结构相似，网状支架内除观察到红细胞、颗粒细胞、淋巴细胞和巨噬细胞的分布外，斑马鱼脾内还观察到浆细胞和黑色素巨噬细胞的分布。

中华鲟幼鱼脾中分布有大量的红细胞，电镜下观察到三种类型，分别是成红细胞、成熟红细胞和即将解体的衰老红细胞。可见各类红细胞单个或成组分布，其胞体轮廓不规则以适应网状支架结构，这与挪威舌齿鲈（Quesada et al.，1990）的红细胞结构类似。成熟红细胞的超微结构与中华鲟（Gao et al.，2007）外周血细胞结构一致，即将解体的衰老红细胞超微结构与欧洲鳗鲡（*Anguilla anguilla*）的报道相符（周玉等，2002）。

中华鲟幼鱼脾中颗粒细胞数量较多，主要为嗜酸性粒细胞，根据胞质内含特殊颗粒的形态和数量不同可分为三种类型。Ⅱ型嗜酸性粒细胞的超微结构与中华鲟（Gao et al.，2007；张艳珍等，2018）外周血嗜酸性粒细胞结构一致，Ⅲ型嗜酸性粒细胞的超微结构除了与大西洋鲟幼鱼（Gradil et al.，2014）脾嗜酸性粒细胞结构相符外，还与斑马鱼（Willett et al.，1999）早期造血组织中成熟嗜酸性粒细胞结构相符。初小雅（2016）在斑马鱼颗粒细胞的结构研究中发现衰老颗粒细胞的胞核异化为多叶不规则形，胞核体积变小，特殊颗粒与细胞主体分离，因此，我们推测电镜下观察到的这三种嗜酸性粒细胞类型可能是该细胞不同发育阶段的表型特征。

（五）小结

通过超薄组织切片技术和透射电镜观察中华鲟幼鱼各免疫器官的超微结构，分析了各器官细胞组成种类和细胞结构特点。结果显示，中华鲟头肾、胸腺和脾均为网状细胞连接的淋巴样组织，头肾结构最为复杂，脾其次，胸腺结构相对简单，透射电镜下各器官组织结构与石蜡切片结果保持一致。

头肾组织细胞种类最多，结构最为复杂，细胞分布以颗粒细胞和红细胞为主，观察到淋巴细胞、单核细胞、巨噬细胞、黑色素巨噬细胞、网状细胞和成纤维细胞等分布，颗粒细胞分为嗜中性粒细胞和嗜酸性粒细胞两类，二者细胞核与胞内颗粒不同，观察到分叶核异型淋巴细胞；胸腺组织结构相对简单，细胞分布以淋巴细胞为主，网状支架由网状上皮细胞、成纤维细胞、纤维细胞和内皮细胞等组成，淋巴细胞分为大淋巴细胞和小淋巴细胞两类，二者胞体大小、胞核形态和胞内颗粒不同，网状上皮细胞分为Ⅰ型和Ⅱ型，二者胞体形态、胞核电子密度和胞质突起不同，还观察到功能活跃和相对静止两种状态的成纤维细胞存在；脾组织结构复杂程度介于二者之间，红髓中以密集的红细胞为主，白髓中观察到颗粒细胞、单核细胞、淋巴细胞和巨噬细胞等分布，观察到成红细胞、成熟红细胞和即将降解的衰老红细胞三种类型，三者胞体形态、胞内细胞器和电子密度不同，嗜酸性粒细胞可分为Ⅰ、Ⅱ和Ⅲ型，三者主要为胞内颗粒不同。

第二节　免疫分子研究

在鲟养殖过程中，病害对其造成了巨大的经济损失，因此，除了资源保护，免疫研究也应当予以重视。长江珍稀鱼类的流行病学调查发现，细菌性疾病发生频繁。而中华鲟、长江鲟是我国长江流域特有的珍稀物种，对其如何抵抗外界刺激是免疫学研究的重点。近几年来，我国陆陆续续开展了鲟免疫分子及其作用机制研究，主要集中在干扰素家族、白细胞介素、抗菌肽、趋化因子家族等。

一、中华鲟免疫基因的研究

（一）中华鲟干扰素研究

1. Ⅰ型干扰素相关研究

利用中华鲟转录组文库，研究了抗病毒基因Ⅰ型干扰素 *IFNe* 基因（包括 *IFNe1*、*IFNe2*、*IFNe3*）以及Ⅱ型干扰素 *IFNγ* 基因（图 2-8；Xu et al.，2019）。与其他硬骨鱼类 *IFN* 基因结构相似，*IFNγ* 具有 4 个外显子和 3 个内含子，*IFNe1*、*IFNe2*、*IFNe3* 均具有 5 个外显子和 4 个内含子（图 2-9）。为了深入探讨 IFNe 蛋白功能，进行了体外重组中华鲟 IFNe2 蛋白，并对其功能进行了初步的研究。结果显示，重组 IFNe2 能够诱导 EPC 细胞中 Mx、PKR 和 Viperin 的表达而激活 EPC 细胞的抗病毒活性（图 2-10），通过在 EPC 细胞中添加终浓度为 1 μg/ml 的重组

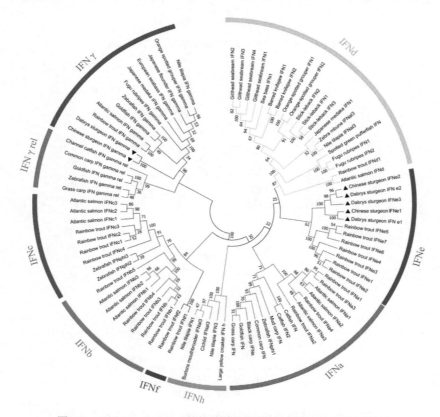

图 2-8 Neighbor-joining 法构建长江鲟和中华鲟 IFN 系统进化树

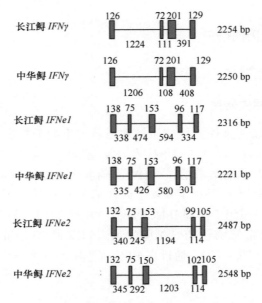

图 2-9　中华鲟和长江鲟 *IFN* 基因结构框架图

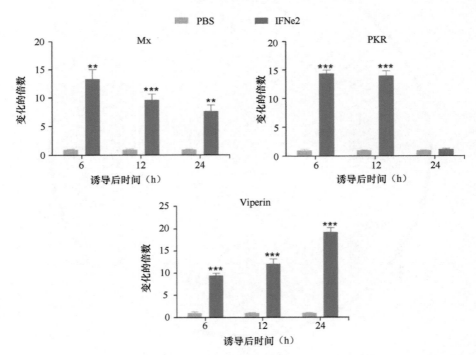

图 2-10　中华鲟 IFNe2 蛋白诱导 EPC 细胞中 ISG 的表达

$**P < 0.01$，$***P < 0.001$

IFNe2 蛋白，发现可以降低 EPC 细胞中鲤春病毒血症病毒（spring viraemia of carp virus，SVCV）病毒 G 蛋白、N 蛋白和 P 蛋白的表达，减少病变效应的产生（图 2-11）。重组中华鲟 IFNe2 蛋白还能影响 IFN 信号。通过在中华鲟脾细胞系中加入 1 μg/ml 的重组 IFNe2 蛋白可以诱导 Mx、PKR、Viperin 和 ADAR4 等干扰素刺激基因的蛋白质表达，尤其是极显著的上调了 Mx 和 Viperin 的表达，但是重组 IFNe2 不能诱导 ADAR1-1 和 ADAR1-2 的表达，这说明中华鲟 IFNe2 可能主要刺激 Mx、PKR 和 Viperin 来发挥抗病毒作用（图 2-12）。此外，重组 IFNe2 可以诱导 IRF 的表达，在诱导后 3 h 和 6 h 时显著上调 IRF1 和 IRF2 的表达，持续上调 IRF3 和 IRF7 的表达至 24 h，并且诱导 IRF7 蛋白发生磷酸化（图 2-13）。另外，在加入 1 μg/ml 的重组 IFNe2 蛋白刺激中华鲟脾细胞系后，细胞中 IFNe1 和 IFNe3 的表达都在 3 h 时出现显著上调，并且随后就恢复到正常水平，同时 IFNe2 还能诱导其自身的表达，在 6 h 时先出现下调，随后在 12 h 时出现及其显著的上调表达。这些结果说明 IFNe2 可能通过诱导 IRF7 发生磷酸化而扩大 IFN 的免疫应答。

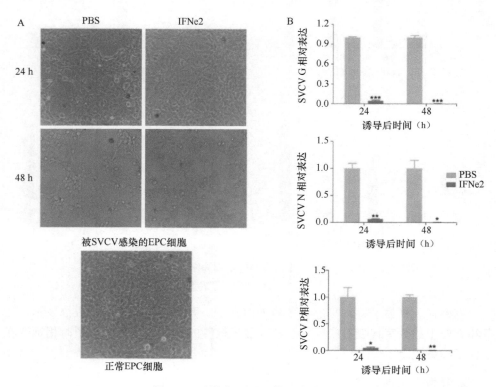

图 2-11　中华鲟 IFNe2 的抗病毒活性

A. 用终浓度为 1 μg/ml 的中华鲟 IFNe2 蛋白或 PBS（作为对照）孵育 EPC 细胞 2 h 后，用 SVCV 病毒去感染 EPC 细胞；B. 用终浓度为 1 μg/ml 的中华鲟 IFNe2 蛋白或 PBS（作为对照）孵育 EPC 细胞，在 24 h 和 48 h 时取样。

$*P < 0.05$，$**P < 0.01$，$***P < 0.001$

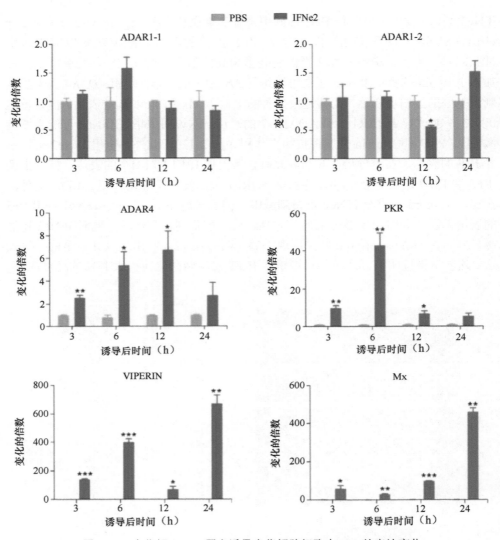

图 2-12 中华鲟 IFNe2 蛋白诱导中华鲟脾细胞中 ISG 的表达变化
*$P < 0.05$，**$P < 0.01$，***$P<0.001$

方框代表外显子，水平的线条代表内含子。开放阅读框用黑色方框表示，线条和方框上的数字代表对应内含子和外显子核酸的个数（bp），内含子时相标注在内含子线条之上

2. Ⅱ型干扰素研究

为了解中华鲟 IFNγ 的生物学活性，本实验通过转录组测序获得了中华鲟 IFNγ 序列，合成重组质粒 pTRI-st-IFNg，转入 C43 大肠杆菌感受态并鉴定，体外纯化

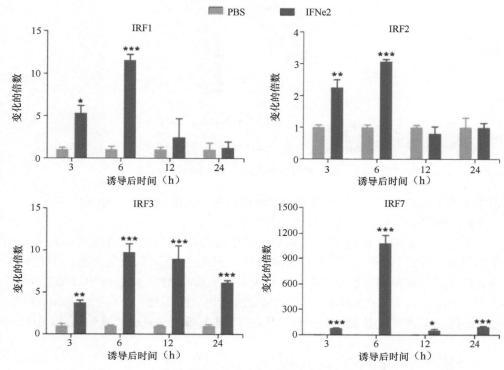

图 2-13 中华鲟 IFNe2 诱导中华鲟脾细胞中 IRF 的表达变化

*$P < 0.05$，**$P < 0.01$，***$P < 0.001$

后检测中华鲟 IFNγ 的生物学活性。结果显示，SDS-PAGE 电泳结果分析中华新 IFNγ 重组蛋白大小为 19.17 kDa 并且以可溶性表达为主，浓度为 0.998 mg/ml；qPCR 结果显示，中华鲟 IFNγ 蛋白能够诱导中华鲟肾细胞抗病毒基因 *MX*、*Viperin* 和 *CXCL* 家族中 *CXCL11-L1*、*CXCL11-L2* 的蛋白质表达，激活其相关抗病毒免疫机制；能够诱导 EPC 细胞抗病毒蛋白 P、N、G 的表达，并且有效地抑制了 SCVC 的复制和引起的细胞病变效应；与嗜水气单胞菌对嗜水气单胞菌、中间产气单胞菌和维氏气单胞菌共孵育结果显示，对三种细菌的生长和活性都产生了明显的抑制作用。

1）中华鲟 IFNγ 蛋白的原核表达及纯化

将中华鲟重组质粒 pTRI-st-IFNg 转入 BL21 大肠杆菌感受态后培养，加入终浓度为 1 mmol/L IPTG 并进行小量诱导，并 SDS-PAGE 电泳和蛋白质印迹法（Western blotting）鉴定，诱导组出现明显条带，空白组和未诱导组均未出现明显条带，SDS-PAGE 电泳结果与 Western blotting 结果一致；重组蛋白大量诱导表达，提取包涵体进行可溶性鉴定，然后通过 Ni 亲和层析法，利用不同梯度浓度咪唑溶液洗脱纯化蛋白杂质，为得到较纯的重组 IFNγ 蛋白进一步通过 superdex75 制备级柱纯化，收集目的蛋白，取 10 μl 进行 Western blotting 鉴定（图 2-14），目的蛋

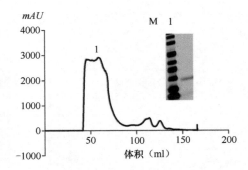

图 2-14　IFNγ 重组蛋白纯化及 Western blotting 鉴定

白大小为 19.17 kDa 左右；利用 Bradford 法定量，浓度为 0.998 mg/ml。

2）中华鲟重组蛋白 IFNγ 抗病毒活性验证

为了验证中华鲟 IFNγ 蛋白在病毒感染中的免疫功能，用终浓度为 100 ng/ml 中华鲟 IFNγ 蛋白体外刺激中华鲟肾细胞系，分别在不同时间收集细胞，通过实时荧光定量法分别检测对照组和实验组相关抗病毒基因 *Mx*、*Viperin* 和 *CXCL11* 家族中 *CXCL11-L1*、*CXCL11-L2* 的蛋白质表达变化（图 2-15）。Mx 和 Viperin 的表达 1 h 到 48 h 都呈现显著性上调趋势且在 8 h 达到峰值，分别上调 91 倍和 49 倍；

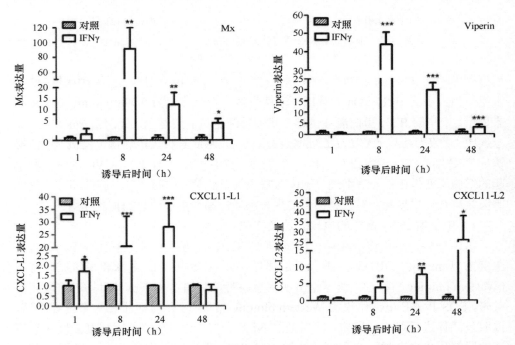

图 2-15　IFNγ 诱导中华鲟肾细胞系 Mx、Viperin、CXCL11-L1、CXCL11-L2 的表达

*P < 0.05，**P < 0.01，***P < 0.001

CXCL11 家族中，CXCL11-L1 在 24 h 时达到峰值，CXCL11-L2 在 48 h 达到峰值。

3）中华鲟重组蛋白 IFNγ 在 EPC 细胞上对病毒免疫调控作用

为了验证中华鲟 IFNγ 蛋白是否对病毒具有免疫调控功能，以 EPC 细胞为宿主细胞来研究 IFNγ 蛋白对 SCVC 病毒生长的影响。用 IFNγ 蛋白孵育 EPC 细胞 2 h 后用 SCVC 病毒侵染 EPC 细胞。结果表明处理组 24 h 之前并未出现明显的细胞病变效应（cytopathic effect，CPE），未处理组 24 h 时出现明显的 CPE 细胞病变效应（图 2-16）；分别在 12 h、24 h、36 h、48 h 收集细胞并且通过荧光实时定量法检测 SCVC 病毒的 G 蛋白、P 蛋白、N 蛋白的表达，结果显示处理组与未处理组相比 SVCV 病毒的 *G*、*P*、*N* 三个基因都出现了极显著性下调（图 2-16），说明中华鲟 IFNγ 蛋白能够对 SCVC 病毒侵染 EPC 细胞发挥很好的调控作用。

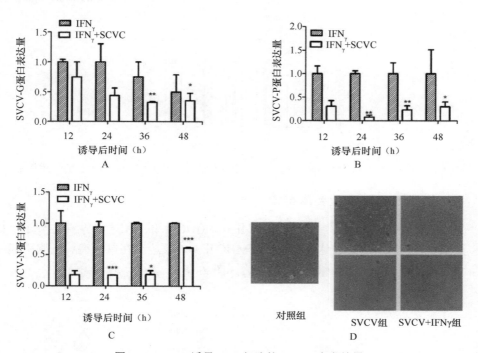

图 2-16　IFNγ 诱导 EPC 细胞抗 SCVC 病毒结果

A. RT-qPCR 检测 SCVC-G 表达结果；B. RT-qPCR 检测 SCVC-P 表达结果；C. RT-qPCR 检测 SCVC-N 表达结果；
D. EPC 细胞病变结果

4）中华鲟重组蛋白 IFNγ 对细菌生长的免疫调控作用

为了了解中华鲟 IFNγ 蛋白是否介导细菌免疫，实验组分别添加终浓度为 100 ng/ml 的 IFNγ 蛋白至 OD_{600}=0.6 的嗜水气单胞菌、中间产气单胞菌和维氏气单胞菌中进行孵育；对照组添加相同体积的 PBS。然后分别在不同时间测量 OD_{600} 值，结果显示与对照组相比，实验组对嗜水气单胞菌、中间产气单胞菌和维氏气单胞菌都表现显著性的抑制作用（图 2-17），说明中华鲟 IFNγ 蛋白对嗜水气单胞菌、中间产气单胞菌和维氏气单胞菌生长具有调控作用。

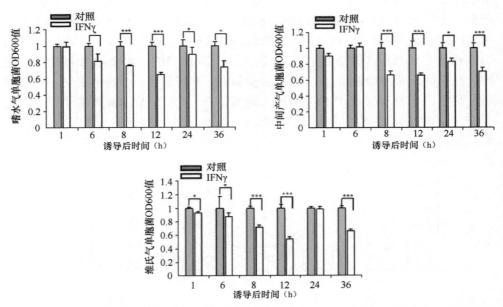

图 2-17　IFNγ 蛋白对嗜水气单胞菌、中间产气单胞菌、维氏气单胞菌生长的调控作用

3. 主要组织相容性复合体 MHC

2017 年，Li 等报道了中华鲟 MHC Ⅱ α、MHC Ⅱ β、MHC Ⅱ γ 三类分子，描述了其组织表达和诱导表达模式。而且 MHC Ⅱ γ 过表达后在鼠树突状细胞中能激活 NF-κB、STAT3、TNFα 和 IL6 的表达（图 2-18）。

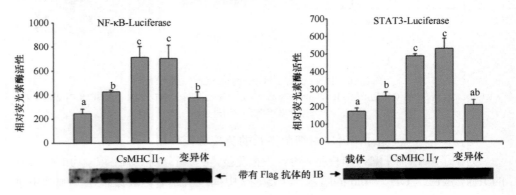

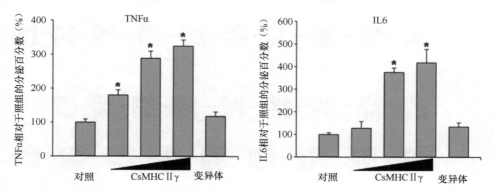

图 2-18 在鼠树突状细胞中过表达的 MHC Ⅱ γ 能激活 NF-κB、STAT3、TNFα 和 IL6 的表达
（引自 Li et al.，2017）

（二）中华鲟 SIGIRR 和 TRAF6 相关研究

1. 基因结构及组成

中华鲟 *SIGIRR* 基因含有 2 个 IG 结构域与 TIR 结构域组成，与雀鳝的 *SIGIRR* 基因结构保持高度一致，人类 *SIGIRR* 仅含有 1 个 IG 结构域，暗示了物种进化是基因的结构的演化。而中华鲟 TRAF6 的蛋白结构是由 RING 与 MATH 结构域组成，分别分析了其他物种的 TRAF6 蛋白结构域，说明了中华鲟的 TRAF6 与其他物种保持高度同源性。利用 Clustal omega 对于中华鲟 *SIGIRR* 与 *TRAF6* 基因 cDNA 与 DNA 进行比对，绘制出中华鲟的 *SIGIRR* 与 *TRAF6* 基因结构框架，并且计算内含子的时相。结果显示中华鲟的 *SIGIRR* 基因含有 9 个外显子与 8 个内含子，与其他鱼类的物种相比，中华鲟的 *SIGIRR* 基因在基因结构进化上显示了中华鲟的基因保守性（图 2-19）。中华鲟的 *TRAF6* 基因是由 5 个外显子与 4 个内含子组成，而且与雀鳝的 *TRAF6* 基因的结构相似，与其他物种的基因结构有差别，人类 *TRAF6* 的基因结构为 6 个外显子组成，与其他物种基因结构也有差别（图 2-20）。

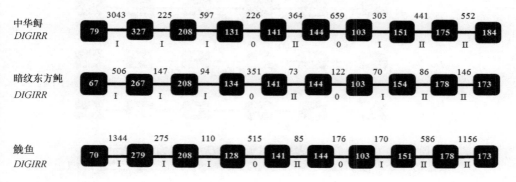

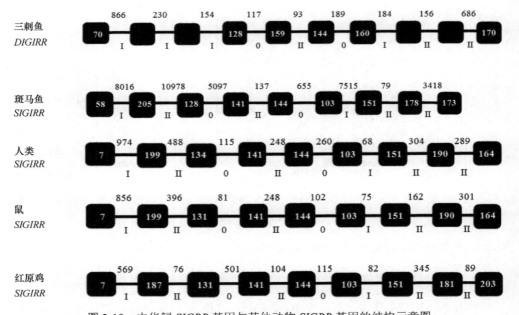

图 2-19　中华鲟 *SIGRR* 基因与其他动物 *SIGRR* 基因的结构示意图

外显子以实盒形式表达，内含子以粗体显示，碱基对的外显子和内含子的大小显示在黑匣子和黑线的顶部

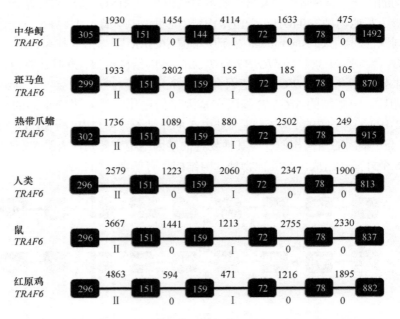

图 2-20　中华鲟 *TRAF6* 基因与其他动物 *TRAF6* 基因的结构示意图

外显子以实盒形式表达，内含子以粗体显示，碱基对的外显子和内含子的大小显示在黑匣子和黑线的顶部

2. 组织表达

利用 qPCR 技术检测出了中华鲟的 *SIGIRR* 与 *TRAF6* 基因组织表达特征（图 2-21），*SIGIRR* 基因在肠中表达量最高，其次在肝、鳃、皮肤中表达量比较高，在血液中的表达量最低。*TRAF6* 在所有的检测组织中均有表达，而且在头肾中表达量最高，依次是肠道、肝、鳃，表达量最低的是血液中。

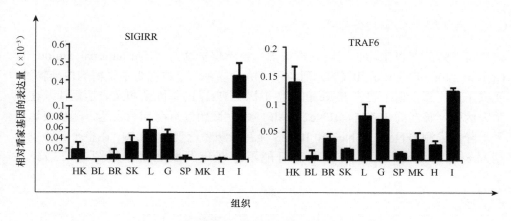

图 2-21　中华鲟不同组织中 SIGIRR 和 TRAF6 的表达

HK、BL、BR、SK、L、G、SP、MK、H 和 I 分别代表头肾、血液、脑、皮肤、肝、鳃、中肾、脾，心脏和肠道。数据显示为平均值±标准差

3. poly I∶C 诱导表达

为了检测出中华鲟的 *SIGIRR* 与 *TRAF6* 基因的体外诱导转录水平表达变化，利用 poly I∶C（polyinosinic-polycytidylic acid）刺激中华鲟脾细胞系，检测其表达水平（图 2-22）。细胞经过诱导之后，发现中华鲟 *SIGIRR* 基因在 3 h

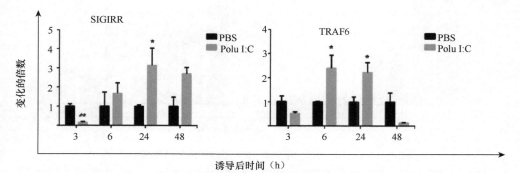

图 2-22　中华鲟 SIGIRR 和 TRAF6 的 poly I∶C 诱导表达变化

$*P < 0.05，**P < 0.01$

时严重下调（*P*<0.01），在6h之后恢复正常水平，在24h后显著上调（3.23倍，*P*<0.05），达到最高值，随后下降至正常水平。*TRAF6*基因在6h时，能够随之显著上调（3.54倍，*P*<0.05），达到最大值，维持到24h也是显著上调（*P*<0.05），随后恢复到最低的水平。

二、长江鲟免疫基因的研究

（一）长江鲟干扰素相关研究

自1996年以来，长江鲟一直被国际自然保护联盟（International Union for Conservation of Nature，IUCN）列为极度濒危物种。它被视为中华鲟的内陆物种。研究了长江鲟Ⅰ型干扰素IFNe和Ⅱ型干扰素IFNγ的基因结构及表达规律。在胚胎表达中，长江鲟IFNe1、IFNe2和IFNe3在胚胎发育前期高表达，随后表达水平下降，推测IFNe1、IFNe2和IFNe3存在母源表达现象；IFNγ在整个胚胎发育期间表达量没有明显的变化，有可能不存在母源表达现象（图2-23）。在

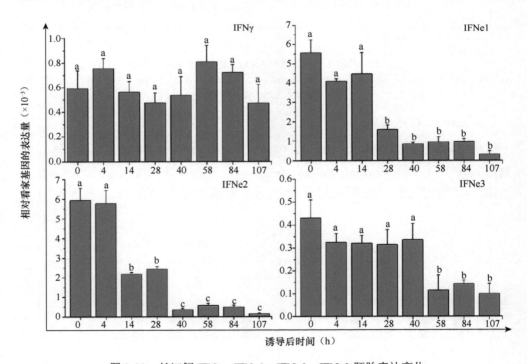

图2-23　长江鲟IFNγ、IFNe1、IFNe2、IFNe3胚胎表达变化

长江鲟胚胎从受精后0 hpf（hour post fertilization）、4 hpf、14 hpf、28 hpf、40 hpf、58 hpf、84 hpf和107 hpf时取样，利用内参基因β-actin计算

组织表达中，IFNγ、IFNe1、IFNe2 和 IFNe3 具有组成型表达模式，它们都在免疫相关组织和非免疫相关组织中表达，说明 IFN 是机体组织维持正常活动的基本成分（图 2-24）。利用 poly I∶C 和 LPS（lipopolysaccharides，from Escherichia coli 055∶B5）诱导长江鲟脾原代细胞。结果显示长江鲟 IFNγ、IFNe1、IFNe2、IFNe3 对外界 poly I∶C 和 LPS 的反应存在差异，并且对同一种抗原表现出不同的表达模式。长江鲟 I 型 IFN 和 II 型 IFN 同时具有抗病毒和抗细菌功能，I 型 IFN 抗病毒能力整体比 II 型 IFN 强（图 2-25，图 2-26；Xu et al.，2019）。

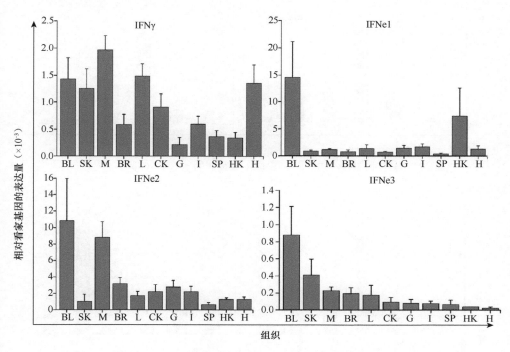

图 2-24　长江鲟 IFNγ、IFNe1、IFNe2、IFNe3 组织表达

BL、SK、M、BR、L、CK、G、I、SP、HK、H 分别表示血液、皮肤、肌肉、脑、肝、中肾、鳃、肠、脾、头肾、心脏

不同的 IFN 在胚胎发育不同时期的表达模式具有差别。长江鲟 IFNγ 在整个胚胎发育阶段（0～107 hpf）表达变化不明显，说明长江鲟 II 型 IFN（IFNγ）有可能不存在母源表达现象。然而，IFNe1、IFNe2、IFNe3 在胚胎发育前期过程高表达，随后表达量逐渐降低。说明 IFNe1、IFNe2、IFNe3 在胚胎发育初期的高表达主要是母源表达，能够保护胚胎免受外界病原的干扰。

组织表达结果显示，长江鲟 IFN 在多个组织中都能够表达，包括血液、皮肤、肌肉、大脑、肝、中肾、肠、脾、头肾和心脏，是一种组成型表达模式，说明 IFN

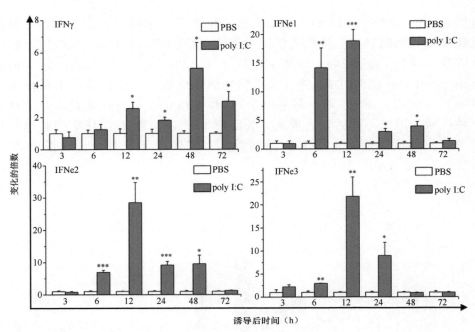

图 2-25　长江鲟 IFNγ、IFNe1、IFNe2、IFNe3 的 poly I∶C 诱导表达变化

*P < 0.05，**P < 0.01，***P < 0.001

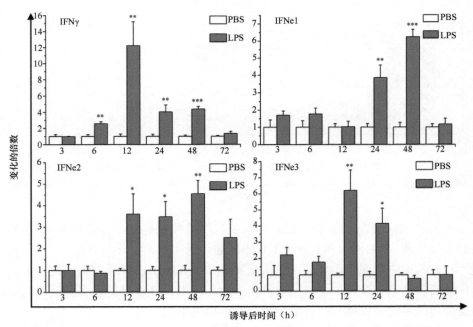

图 2-26　长江鲟 IFNγ、IFNe1、IFNe2、IFNe3 的 LPS 诱导表达变化

*P < 0.05，**P < 0.01，***P < 0.001

在正常组织中也发挥着重要的功能。其中，长江鲟 IFNγ 在肌肉中表达最高，其次是肝和血液；IFNe1、IFNe2、IFNe3 都在血液中表达最高，其次分别在头肾、肌肉和皮肤中。

利用 poly I∶C 和 LPS 诱导脾分离的原代细胞检测不同长江鲟 IFN mRNA 表达模式。长江鲟 IFNγ 能够被 poly I∶C 诱导上调，并在 48 h 时达到最高倍数。长江鲟 IFNe1、IFNe2、IFNe3 也能够被 poly I∶C 诱导显著上调，并且都在 12 h 时表达倍数最高。然而，虹鳟的 IFNe 在 2 h 时表达倍数最高，在 24 h 就恢复到正常水平（Zou et al.，2014）；本研究中 IFNe1 和 IFNe2 在 48 h 仍然处于上调，IFNe2 在 48 h 和 72 h 都为正常水平，这有可能是由于细胞的不同而导致的差异。通过对比分析发现，poly I∶C 诱导后的细胞内开始合成 IFNγ 的时间比 IFNe 要晚，IFNγ 表达倍数在要比 IFNe 低；与其他研究相同，长江鲟 IFNγ 也具有抗病毒的功能（Xiang et al.，2017），其发挥抗病毒功能要比 IFNe 弱，但是 IFNγ 抗病毒功能的持续时间比 IFNe 长。

长江鲟不同的 IFNe 成员之间也有差异，其中 IFNe2 表达倍数最高，其次是 IFNe3 和 IFNe1；说明抗病毒能力中，IFNe2 最高，其次是 IFNe3 和 IFNe1。然而，在 6 h 时 IFNe1 的表达倍数比 IFNe2 和 IFN3 的都要高，说明在早期抗病毒反应中 IFNe1 的能力要比 IFNe2 和 IFN3 高。在 48 h 时，IFNe3 恢复到正常水平，而 IFNe1 和 IFNe2 在 48 h 都显著的上调，说明 IFNe3 抗病毒能力的持续时间比 IFNe1 和 IFNe2 短。与日本鳗鲡相同，长江鲟 IFN 也能够被 LPS 诱导高表达（Feng et al.，2017）。

长江鲟 IFNγ 在 LPS 诱导后 6～48 h 都显著的上调，并且在 12 h 时上调倍数最高；IFNe1 在 24～48 h 上调，在 48 h 时表达倍数最高；IFNe2 在 12～48 h 上调，也于 48 h 时表达倍数最高；IFNe3 只在 12～24 h 时上调，24 h 达到最高倍数；说明 IFN 不仅具有抗病毒的功能，也具有抗菌的能力（Feng et al.，2017），并且 IFNγ 要比Ⅰ型 IFN 的抗拒能力更强。通过 LPS 诱导Ⅰ型 IFN 表达结果表明，不同的 IFNe 亚家族成员之间的抗菌能力也存在差异，对细菌引起的反应速度也存在差异；IFNe1 和 IFNe3 发挥抗菌能力相似，但是 IFNe1 发挥作用的时间要比 IFNe3 晚；IFNe2 发挥抗菌的能力虽然不是最强的，但是其发挥抗菌的和 IFNe3 一样快，抗菌的持续时间比 IFNe3 持久。

（二）长江鲟干扰素受体相关研究

初步鉴定出长江鲟 CRFB3a、CRFB3b、CRFB5a、CRFB5b 以及多个 CRFB4、CRFB6 和 IFNγ 受体基因（图 2-27；Luo et al.，2018）。

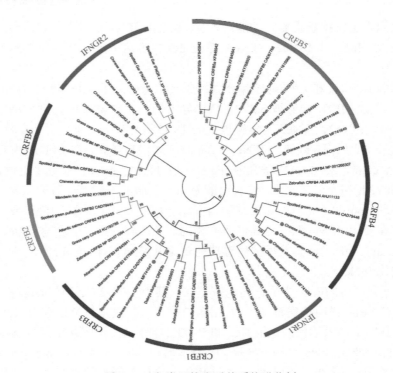

图 2-27　鱼类干扰素受体系统进化树

（三）长江鲟干扰素调节因子研究

1. 长江鲟 *IRF* 基因序列分析

克隆了长江鲟 IRF1、IRF3、IRF4、IRF5 和 IRF8 的可读框（open reading frame，ORF），它们的长度分别为 978 bp、1335 bp、1341 bp、1356 bp 和 1299 bp。每个 ORF 分别编码由 316、445、447、452 和 433 个氨基酸残基组成的蛋白质。和其他脊椎动物的 *IRF* 基因类似，长江鲟 5 个 IRF 的氨基酸序列的 N 端包含有 DBD 结构域，且与长江鲟 IRF 蛋白中 BDB 结构域最相似的物种是斑点雀鳝（*Lepisosteus oculatus*），分别具有 78.6%、67.3%、92.0%、88.7% 和 94.8% 的序列同一性。而且其全长序列与其他物种的序列非常相似，范围从 54.0% 到 94.8%（表 2-1）。

表 2-1　硬骨鱼 IRF 蛋白之间的同一性比较

基因	物种名称	相似率（%）					
		DBD			全长		
		人类	斑点雀鳝	长江鲟	人类	斑点雀鳝	长江鲟
	达氏鲟	71.4	76.8		39.0	43.7	
IRF1	斑点雀鳝	82.3		76.8	44.1		43.7
	蛙	85.8	77.0	70.5	53.3	43.0	36.3

续表

基因	物种名称	相似率（%）					
		DBD			全长		
		人类	斑点雀鳝	长江鲟	人类	斑点雀鳝	长江鲟
IRF1	鸡	91.2	82.3	75.0	59.4	44.7	39.3
	人类		82.3	71.4		44.1	39.0
IRF3	达氏鲟	54.0	67.3		33.3	46.1	
	斑点雀鳝	47.8		67.3	34.2		46.1
	蛙	51.3	50.4	54.0	31.1	33.3	35.7
	人类		47.8	54.0		34.2	33.3
IRF4	达氏鲟	77.0	92.0		33.3	46.1	
	斑点雀鳝	83.2		92.0	67.3		81.4
	蛙	84.1	85.8	81.4	70.6		81.4
	鸡	91.7	89.9	81.7	83.6	71.5	69.0
	人类		83.2	77.0		70.6	67.3
IRF5	达氏鲟	68.1	88.7		54.3	75.7	
	斑点雀鳝	71.7		88.7	54.6		75.7
	蛙	69.9	74.5	76.1	58.6	53.8	56.3
	鸡	64.7	63.2	61.1	57.0	50.4	49.8
	人类		71.7	68.1		54.6	54.3
IRF8	达氏鲟	88.6	94.8		60.6	80.8	
	斑点雀鳝	90.4		94.8	62.4		80.8
	鸡	97.4	89.5	89.5	73.9	60.7	60.2
	人类		90.4	88.6		62.4	60.6

　　为了进一步验证五个 IRF 基因，我们利用 MEGA6 构建了系统发育树（图 2-28）。很明显，长江鲟 IRF1 和 IRF5 分别与匙吻鲟（Polyodon spathula）IRF1 和 IRF5 聚集在一起，其次是其他鱼类。而 IRF4 和 IRF8 与斑点雀鳝 IRF4 和 IRF8 靠近。此外，长江鲟 IRF3 与其他脊椎动物的 IRF3 聚集在同一分支里。

　　基因的内含子通过使用 Clustal Omega 比对长江鲟各个 IRF 基因的 DNA 和 cDNA 序列而得到。IRF1 基因含有 9 个外显子和 8 个内含子结构，而 IRF3、IRF4、IRF5 和 IRF8 基因由 7 个内含子和 8 个外显子组成（图 2-29）。内含子相分析显示，IRF1 的第 1 个、第 4 个和第 7 个内含子的时相为 0，而其他几个内含子则处于第 1 时相。此外，IRF3、IRF4、IRF5 和 IRF8 的第 1 个、第 3 个和最后一个内含子时相为 0，而所有其他内含子时相都是 1。

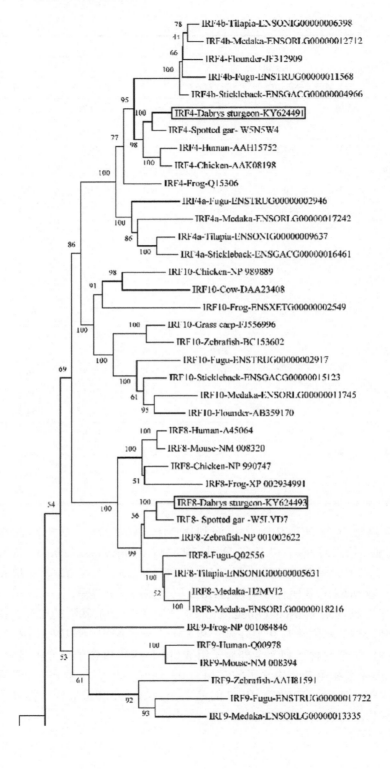

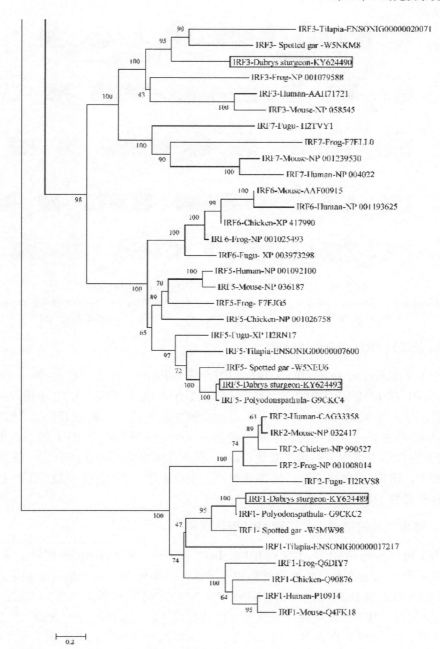

图 2-28　脊椎动物 *IRF* 系统发育树

使用 MEGA6 程序中的氨基酸多重比对和邻接法构建树。通过使用基于 JTT matrix-based 模型的方法推断出进化历史。通过 bootstrap（1000 次）程序在分支旁边显示相关分类群聚集在一起的百分比。每个序列的登录号在物种名称和分子类型之后给出。长江鲟 *IRF* 基因以矩形框显示

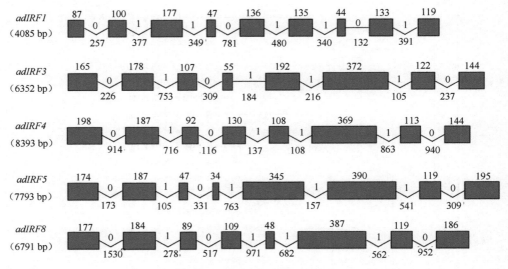

图 2-29　长江鲟 *IRF* 基因的外显子-内含子结构示意图

灰色框表示外显子，连接外显子的折线或横线表示内含子。灰色框上方的数字代表外显子核苷酸长度（碱基对）。折线或横线下方的数字代表内含子的核苷酸长度，内含子相位表示在条折线或横线上方

2. 长江鲟 IRF 组织表达结果

为了了解长江鲟 IRF1、IRF3、IRF4、IRF5 和 IRF8 的组织分布模式，使用 qPCR 检测了 IRF 在 12 个组织中的表达水平。结果显示，这 5 个基因在 12 个组织中组成型表达（图 2-30）。此外，5 个 IRF 都在血液中高表达，尤其是 IRF1。与 IRF1 类似，IRF5 在血液中表现出高水平的表达，其次是皮肤；而 IRF1、IRF3、IRF4 和 IRF8 在血液中以中等的水平表达。IRF3 在所有组织中都存在高表达。在 IRF4 亚家族中，IRF4 在血液、脾、尾部肾和心脏中高表达，而 IRF8 主要在肝中检测到，其次是脾和尾部肾（图 2-30）。

3. 嗜水气单胞菌诱导长江鲟 IRF 表达结果

为了进一步研究 IRF1、IRF3、IRF4、IRF5 和 IRF8 在应对病原入侵时的应答，本研究检查了响应嗜水气单胞菌感染的表达水平。本研究发现嗜水气单胞菌刺激 36 h 和 3 h 时上调 IRF1 在脾（33.11 倍；$P < 0.05$）和中肾中的表达（7.63 倍；$P < 0.01$）。同样，IRF3 的表达在嗜水气单胞菌诱导后 3 h（3.00 倍；$P < 0.05$）和 24 h（32.65 倍；$P < 0.01$）在脾中上调，同时在 36 h 时在中肾中也出现上调表达（4.07 倍；$P < 0.01$）。虽然嗜水气单胞菌感染后的脾中，IRF5 和 IRF8 的表达没有发生显著性的变化，但诱导 24 h 后得中肾中表达下调（$P < 0.05$）。对于 IRF4，在嗜水气单胞菌感染 3 h 后，在脾（$P < 0.01$）和中肾（$P < 0.01$）中的表达都出现显著上调（图 2-30；Li et al.，2017）。

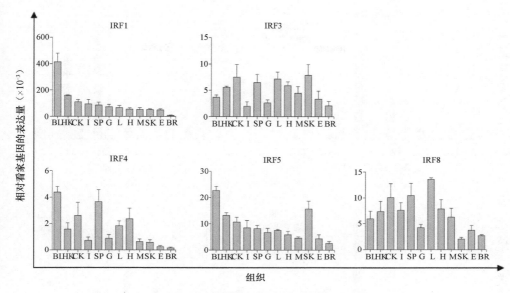

图 2-30　IRF 在长江鲟组织中的分布

BL、HK、CK、I、SP、G、L、H、M、SK、E、BR 分别代表血液、头肾、中肾、肠、脾、鳃、肝、心脏、肌肉、皮肤、眼睛、脑

（四）长江鲟抗菌肽基因研究

分析了长江鲟抗菌肽 LEAP-2（Zhang et al.，2018a）、Cathelicidin、NK-lysin（图 2-31，图 2-32）、G 型和 C 型溶菌酶（Zhang et al.，2018b）等基因结构、组成型表达和诱导表达规律。

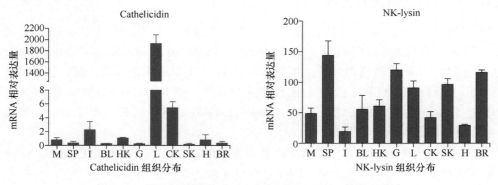

图 2-31　长江鲟抗菌肽 Cathelicidin 和 NK-lysin 的组织分布

M、SP、I、BL、HK、G、L、CK、SK、H、BR 分别代表肌肉、脾、肠、血液、头肾、鳃、肝、中肾、皮肤、心脏、脑

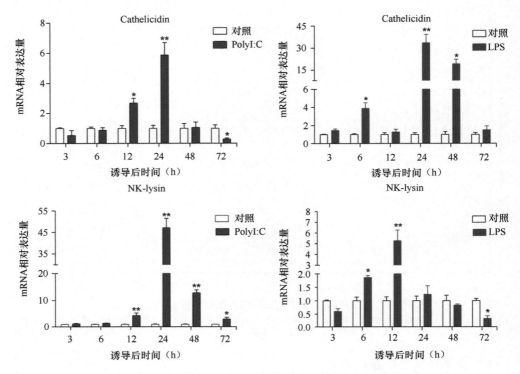

图 2-32　Poly I∶C 或 LPS 诱导鲟细胞 Cathelicidin 和 NK-lysin 表达量

用 Ct 法获得的 q-PCR 数据计算 $2^{-\Delta\Delta ct}$。数据以均值 SD（$N=4$）表示。采用单因素方差分析对不同时间点检测到的 RNA 水平进行统计比较。*$P<0.05$，**$P<0.01$

（五）长江鲟 *TLR* 基因研究

在长江鲟中发现了 TLR 1、2、4、5、6、8、13、21、22 和 25（图 2-33）。利用 TLR1 和 TLR4 实时定量 qRT-PCR 检测 TLR1 和 TLR4 转录本的组织分布（图 2-34），结果表明这两种转录本在所选的 11 个正常组织中普遍表达，包括肌肉（M）、肠（I）、脾（SP）、血液（BL）、头肾（HK）、鳃（G）、肝（L）、尾肾（CK）、皮肤（SK）、心脏（H）、脑（BR）。其中 TLR1 在心脏中高表达和 TLR4 在皮肤中含量很高。

头肾是硬骨鱼的重要免疫器官，含有大量的 T 淋巴细胞、B 淋巴细胞、巨噬细胞和粒细胞。为进一步研究 TLR1 和 TLR4 的功能，采用实时荧光定量 PCR 方法检测 LPS 和 Poly I∶C 刺激后原代头肾白细胞中 TLR1 和 TLR4 的表达。刺激

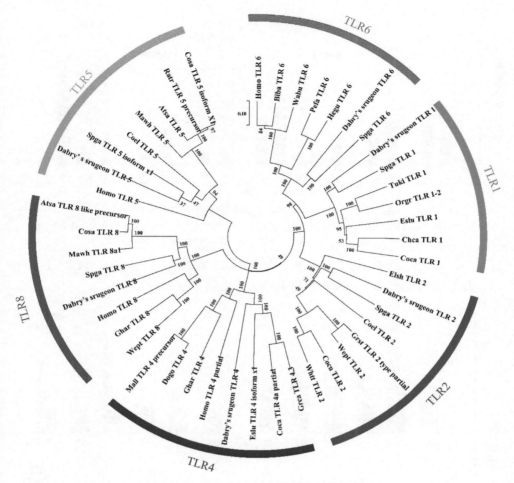

图 2-33 长江鲟 TLR 系统进化树的构建

使用的序列登录号为，TLR 1：human（Homo），NP_003254.2；spotted gar（Spga），XP_015208636；channel catfish （Chca），XP_017350115；common carp（Coca），XP_018939184；turquoise killifish（Tuki），XP_015808422； orange-spotted grouper（Orgr），AIS23535；Esox Lucius（Eslu），XP_019908676. TLR 2：human（Homo），NP_001305725.1；spotted gar（Spga），XP_015200205；green sea turtle（Grst），EMP24917；coelacanth（Coel），XP_014349301；western painted turtle（Wept），XP_008167624；elephant shark（Elsh），XP_007902229；common cuckoo （Cocu），XP_009565434；white-throated tinamou（Whtt），XP_010211061. TLR 4：human（Homo），AAF07823；grass carp（Grca），AEQ64879；common carp（Coca），ADC45015；Esox Lucius（Eslu），XP_010211061；Gharial （Ghar），XP_019366061；domestic goose（Dogo），AEC32857；mallard（Mall），NP_001297342. TLR 5：human （Homo），ACM69034；spotted gar（Spga），XP_006626049；Atlantic salmon（Atsa），XP_014000085；coelacanth （Coel），XP_005998682；rainbow trout（Ratr），NP_001118216；Maraena whitefish（Mawh），CEF90217；coho salmon （Cosa），XP_020352226. TLR 6：human（Homo），AAY88762；spotted gar（Spga），XP_015201364；peregrine falcon （Pefa），XP_005243265；helmeted guineafowl（Hegu），XP_021252167；big brown bat（Biba），XP_008138437；water buffalo（Wabu），AEA77086. TLR 8：human（Homo），AAI01077；spotted gar（Spga），XP_015216979；Maraena whitefish（Mawh），CEF90219；western painted turtle（Wept），XP_005287913；coho salmon（Cosa），XP_020317173；Gharial（Ghar），XP_019381130；Atlantic salmon（Atsa），NP_001155165

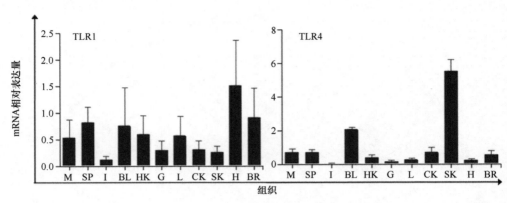

图 2-34　TLR1 和 TLR4 在健康长江鲟中的组织分布

将各组织中目的基因的相对表达量以 β-actin 为参，缩写为：M、SP、I、BL、HK、G、L、CK、SK、H、BR 分别代表肌肉、脾、肠、血液、头肾、鳃、肝、中肾、皮肤、心脏、脑

后 6～48 h，LPS 和 Poly I∶C 可显著上调 TLR1 的表达（$P<0.05$）。TLR4 在 LPS 和 Poly I∶C 刺激后 3～12 h 在白细胞中也有上调（图 2-35）。

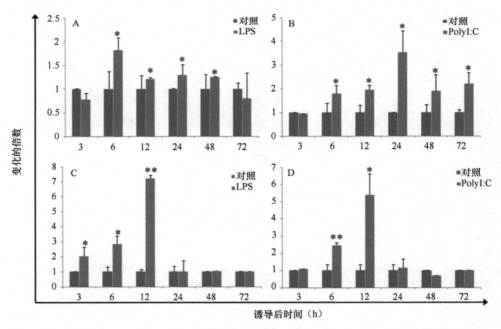

图 2-35　LPS 或 Poly I∶C 诱导后，TLR1（A、B）、TLR4（C、D）的表达模式

$*P < 0.05$ 和 $**P < 0.01$

　　嗜水气单胞菌感染长江鲟后编码 TLR 1、2、4 和 5 蛋白的基因都表现了显著性的上调，分别上调 10.50 倍、4.52 倍、7.50 倍和 11.84 倍（Luo et al.，2018）。介导的信号通路见图 2-36。

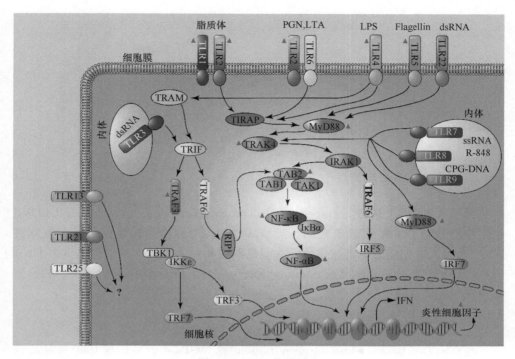

图 2-36 TLR 信号通路

用红色的向上三角表示嗜水气单胞菌诱导长江鲟后基因的上调，TLR13、TLR 21 和 TLR 25 的信号通路在鱼类中未知，因此用"？"标记

（六）其他免疫基因研究

此外，还对 TRIM2、TRIM8、TRIM 23、TRIM 37、TRIM59、TRIM82 分子（Li et al.，2019）；Mx（myxovirus resistance）、Viperin（virus inhibitory protein，endoplasmic reticulum-associated，interferon-inducible）、PKR（double-stranded RNA-dependent protein kinase）及 ADAR（adenosine deaminase acting on RNA）等免疫基因进行了初步研究（Zhang et al.，2019）。

第三章 病毒性疾病

第一节 分离及鉴定到的病毒

一、鲟核质大 DNA 病毒

鲟核质大 DNA 病毒（sturgeon nucleocytoplasmic large DNA virus，sNCLDV）是鲟中数量最多、种类最丰富的一类致病性病毒。这个家族包括各种大型双链 DNA 病毒，它们能感染真核生物，主要是藻类和原生生物。如果鲟核质大 DNA 病毒最终被证实为拟菌病毒科（Mimiviridae），它们将成为这个科中第一个能够感染脊椎动物的病毒。

1. 高首鲟虹彩病毒

高首鲟虹彩病毒（white sturgeon iridovirus，WSIV）最早是在 1990 年从高首鲟幼鱼中分离到，是北美洲养殖高首鲟和欧洲养殖俄罗斯鲟死亡的常见病原。该病毒主要感染鲟皮肤、鳃和上消化道上皮，是最主要的致病性鲟病毒。WSIV 不仅仅感染高首鲟，鲟科其他物种都易感此病毒，实验室证明湖鲟能感染 WSIV。养殖密度过高会暴发此病。WSIV 能用分子生物学诊断方法进行诊断，包括普通 PCR 和 TaqMan 荧光定量 PCR 方法。此外也常用组织学，电子显微镜和细胞培养分离等方法鉴定此病毒（Mugetti et al.，2020）。

2. 密苏里鲟病毒

密苏里鲟病毒（Missouri River sturgeon iridovirus，MRSIV）与 WSIV 很类似，它与美国密苏里州和密西西比河内两个地方鲟科鱼类密切相关。仅发现于美国密苏里河中患病的密苏里白铲鲟和铲鲟体内。孵化到幼鱼期铲鲟易感染。虽然利用电镜已经在上皮细胞中检测到该病毒，但是在单层细胞上尚未分离到 MRSIV。因此对该病毒的检测尤为重要。普通 PCR 和 TaqMan 荧光定量 PCR 可以从急性感染和持续感染期的铲鲟体内特异性检测出该病毒的 DNA，能有效避免病毒的传播（Mugetti et al.，2020）。

3. 短吻鲟病毒

短吻鲟病毒（shortnose sturgeon virus，SNSV）仅见报道于加拿大大西洋海岸的成年短吻鲟中，这批鲟中同时还发现了疱疹病毒和虹彩病毒类似病毒。可利用组织学和电镜进行鉴定（Mugetti et al.，2020）。

4. 不列颠哥伦比亚高首鲟病毒

不列颠哥伦比亚高首鲟病毒（British Columbia white sturgeon virus，BCWSV）报道于 2001 年加拿大不列颠哥伦比亚高首鲟中。感染鲟体长 8～10 cm，症状为食欲不振、嗜睡和反应迟钝，严重时鱼体死亡。可以用电镜进行鉴定。从系统发育研究中获得了可用的 BCWSV 基因序列，这个也可用来鉴定该病毒（Mugetti et al.，2020）。

5. Namao 病毒

Namao 病毒（Namao virus，NV）是一种新发现的鲟病毒，在患病加拿大湖鲟的幼鱼体内发现。病毒主衣壳蛋白基因序列比对证明该病毒属于核质大 DNA 病毒，可能属于 Miniviridae 科或未知的科（Mugetti et al.，2020）。

6. 欧洲鲟虹彩病毒

对欧洲鲟虹彩病毒（acipenser iridovirus-European，AcIV-E）的研究是最近在欧洲兴起的。1990 年在欧洲北部俄罗斯鲟中就有类似虹彩病毒的报道，但是没有深入调查确定其病因。随后在欧洲几个国家又出现了爆发性死亡现象，涉及的鲟包括俄罗斯鲟（*A. gueldenstaedtii*）、西伯利亚鲟（*A. baerii*）、纳氏鲟（*A. naccarii*）、欧鳇属（*Husohuso*）。Ciulli 等（2016）将此病毒命名为欧洲鲟 NCLDV，其他人把它命名为 AcIV-E，虽然这些毒株有差异，但是仅是同一个病毒不同的毒株。但是不同种鲟感染的临床症状有些差异。AcIV-E 主要可用 PCR 方法进行鉴定，组织学分析也可用，但是在几个细胞系单层细胞上不能分离此种病毒（Mugetti et al.，2020）。

7. 蛙病毒 3

2009 年美国密苏里州幼铲鲟暴发蛙病毒 3（frog virus 3，FV3）感染，引起造血器官广泛坏死，造成幼鱼大量死亡。人工感染试验显示 FV3 对铲鲟幼鱼高度致病，累计死亡率达 95%。病毒的主衣壳蛋白基因序列和豹蛙体内分离的 FV3 主衣壳蛋白基因序列最相似。FV3 不仅感染鲟，FV3 也发现感染三刺鱼（*Gasterosteus aculeatus*），且引起死亡。这一发现意味着 FV3 的宿主范围进一步扩大。可用组织学、电镜和分子生物学方法进行鉴定（Mugetti et al.，2020）。

二、疱疹病毒

疱疹病毒（herpesvirus）属于鱼疱疹病毒科，是鱼类常见的致病菌。在美国和欧洲有很多种疱疹病毒能感染鲟，在野生鲟和人工养殖鲟里感染此病毒后会出现疱疹。已有报道几个双链 DNA 病毒能特异性地感染鲟科鱼类，但仅一个病毒被国际病毒分类委员会（the international committee on taxonomy of virus，ICTV）正式命名：鲟疱疹病毒Ⅱ型（acipenserid herpesvirus 2，AciHV-2），它属于鮰鱼疱疹病毒一个属。未见鲟特异的鱼疱疹病毒。

1. 鲟疱疹病毒Ⅰ型

鲟疱疹病毒Ⅰ型（acipenserid herpesvirus 1，AciHV-1）是在鲟中第一个被鉴定的疱疹病毒，是在 1989 年在美国加利福尼亚州高首鲟幼鱼中首次发现这个病毒。AciHV-1 能产生合胞体，是从一种特殊的鲟上皮单层细胞（WSSK-1）中分离得到的，其他细胞系均不能分离到该病毒。该病毒可用组织学、电镜进行诊断，明显的特征是皮肤上皮组织坏死性病变和六角衣壳病毒。它通过体表和口腔黏膜感染导致鱼类死亡，在感染 WSHV-Ⅰ后无明显体表特征，但会引起鱼类死亡。目前对该病毒没有任何有效治疗措施（Mugetti et al.，2020）。

2. 鲟疱疹病毒Ⅱ型

鲟疱疹病毒Ⅱ型（acipenserid herpesvirus 2，AciHV-2）是在 AciHV-1 报道后几年后发现的。AciHV-2 是目前唯一一种由 ICTV 命名的鲟疱疹病毒，并被列入鮰疱疹病毒属。它是从一尾高首鲟卵巢液中分离到的，在感染 WSHV-Ⅱ后表现的主要症状为体表有白色小水泡，继而造成鱼体表面创口。

除高首鲟外，密苏里白铲鲟（S. albus）和铲鲟（S. platorynchus）也对该病毒比较敏感。AciHV-2 在欧洲也有报道。AciHV-2 病毒可在 WSSK-1、WSS-2、WSLV、WSGO、SSO-2、SSF-2 等几种细胞系上进行培养、分离并观察细胞病变（局部单层破坏，感染灶周围出现葡萄状细胞簇）。细胞培养分析还可与透射电镜和聚合酶链反应相结合。目前还没有检测 AciHV-2 的特异性分子检测方法，但是普通 PCR 有助于正确地鉴定该病毒。目前对该病毒没有任何疫苗或治疗药物（Mugetti et al.，2020）。

3. 鲤疱疹病毒 3 型

鲤疱疹病毒 3 型（cyprinid herpesvirus-3，CyHV-3）虽然不是鲟特有的病原，但是在俄罗斯鲟（A. gueldenstaedtii）、大西洋鲟（A. oxyrinchus）和杂交鲟 Bester（H. huso♀×A. ruthenus♂）中均有报道。由于只发现了病毒 DNA，没有充分的证据能证明其具有感染性，但是可以说明鲟可能是这种病毒潜在的宿主（Mugetti et al.，2020）。

三、高首鲟腺病毒

尽管腺病毒并不会引起鲟养殖出现大问题，但是高首鲟腺病毒（white sturgeon

adenovirus 1，WSAdV-1）确实在鲟中曾被鉴定。利用电镜在大西洋鳕鱼（*Gadus morhua*）、欧洲黄盖鲽（*Pseudopleuronectes yokohamae*）、真鲷（*Pagrus major*）、日本鳗鲡（*Anguilla japonica*）等多种鱼类中曾报道过腺类似的颗粒，但是 WSAdV-1 是鱼类中唯一一个被 ICTV 认定为腺病毒的种类。

1984 年首次在美国加利福尼亚州一尾 0.5 g 高首鲟幼鱼中发现腺类似的颗粒。由于利用 BF-2、BB、FHM、CCO、CHSE-214、SH-1、SS-2 等细胞分离的结果显示阴性，因此当时仅利用电镜对病毒进行观察和描述。随后，同样在高首鲟发现了此病毒，并利用单层细胞进行了病毒培养和分离，显示该病毒能感染野生高首鲟。利用分子生物学方法对该病毒进行研究，显示从高首鲟分离的病毒与从冷水鱼类分离的病毒存在明显的差异，并建立了一种 PCR 方法，可以鉴定 WSAdV-1。系统发育研究表明 WSAdV-1 是 *Ichtadenovirus* 属典型的代表。感染了 WSAdV-1 后，主要症状为：嗜睡、厌食、消瘦，累计死亡率达 50%。解剖发现肝苍白，肠道空空无食。在电镜下可在盘旋的肠道和直肠中见到病毒粒子。仅在高首鲟幼鱼中可见明显的症状。WSAdV-1 可在鲟脾上皮细胞系 WSS-2 中进行培养。该病毒可用 PCR 方法进行鉴定（Mugetti et al.，2020）。

四、其他病毒

1. 传染性造血器官坏死病病毒

传染性造血器官坏死病病毒（infectious hematopoietic necrosis virus，IHNV）是主要感染鲑鳟科鱼类一种弹状病毒。它是一种应申报的传染病。有研究显示高首鲟对此病毒易感，并能产生中和抗体。尽管世界动物卫生组织或国际兽疫局（World Organization for Animal Health，OIE）将鲟定义为"不完全具有易感性证据的物种"，但是还是要强制性关注和控制此病毒，因为鲟能在含有 IHNV 易感物种（虹鳟）的设施中进行繁殖的（Mugetti et al.，2020）。

2. 鲤春病毒

在捷克一个西伯利亚鲟养殖中曾报道过鲤春病毒（spring viraemia of carp virus，SVCV）。这批西伯利亚鲟和鲤是混养在一起的，西伯利亚鲟感染鲤春病毒后出现明显症状，严重者会死亡。这个病毒可在 EPC、FHM、RTG 等细胞系单层细胞上进行培养，利用 ELISA 和 PCR 进行鉴定（Mugetti et al.，2020）。

3. β-野田村病毒

β-野田村病毒（betanodavirus）是神经坏死病毒或病毒性脑病的病原体。β-野田村病毒是鱼类致病病毒，尤其是在海水鱼类中。在希腊曾在俄罗斯鲟中报道过此病毒，患病鲟体重 500 g，出现神经学障碍症状，利用 PCR 方法在患病鲟中可检测出此病毒（Mugetti et al.，2020）。

4. 呼肠孤病毒

国内尽管发现了高度疑似呼肠孤病毒（aquareovirus）病原感染导致鲟大量死亡的病例（图 3-1），但没有成功分离培养与鉴定病毒的报道，仅从患病中华鲟体内观察到呼肠孤病毒样颗粒（图 3-2），推测国内养殖鲟可能存在原发性病毒性疾病。

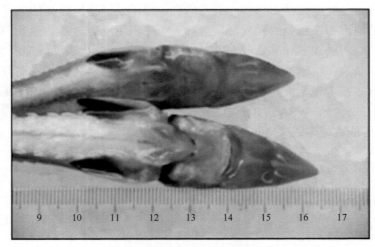

图 3-1　疑似患病毒病的史氏鲟（江南等，2016）

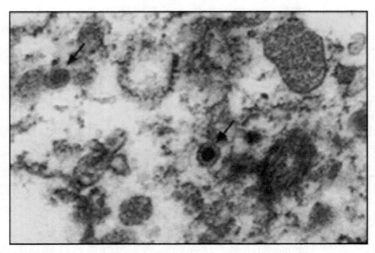

图 3-2　患病中华鲟体内观察到的呼肠孤病毒样颗粒（箭头所示）（张奇亚和桂建芳，2012）

5. 其他病毒

在西伯利亚鲟中曾发现了传染性胰腺坏死病毒（infectious pancreatic necrosis virus，IPNV），在高首鲟中报道过 papova 类似病毒。

本章中介绍的病毒种类见表 3-1。

表 3-1 各种鲟目前鉴定的病毒种类

病毒		鲟种类
鲟核质大 DNA 病毒（sturgeon nucleocytoplasmic large DNA virus，sNCLDV）	高首鲟虹彩病毒（white sturgeon iridovirus，WSIV）	高首鲟 *Acipensertransmontanus*、湖鲟 *A. fulvescens*、小体鲟 *A. ruthenus*、西伯利亚鲟 *A. baerii*、俄罗斯鲟 *A. gueldenstaedtii*、大西洋鲟 *A. oxyrinchus*、欧洲鲟 *A. sturio*
	密苏里鲟病毒（Missouri River sturgeon iridovirus，MRSIV）	密苏里白铲鲟 *Scaphirhynchus albus*、铲鲟 *S. platorynchus*
	短吻鲟病毒（shortnose sturgeon virus，SNSV）	短吻鲟 *A. brevirostrum*
	不列颠哥伦比亚高首鲟病毒（British Columbia white sturgeon virus，BCWSV）	高首鲟 *A. transmontanus*
	Namao 病毒（Namao virus，NV）	湖鲟 *A. fulvescens*
	欧洲鲟虹彩病毒（acipenser iridovirus- European，AcIV-E）	俄罗斯鲟 *A. gueldenstaedtii*、西伯利亚鲟 *A. baerii*、纳氏鲟 *A. naccarii*、欧鳇属 *Husohuso*、闪光鲟 *A. stellatus*、小体鲟 *A. ruthenus*
	蛙病毒 3（frog virus 3，FV3）	密苏里白铲鲟 *S. albus*
鱼疱疹病毒科 Alloherpesviridae	鲟疱疹病毒 I 型（acipenserid herpesvirus 1，AciHV-1）	高首鲟 *A. transmontanus*
	鲟疱疹病毒 II 型（acipenserid herpesvirus 2，AciHV-2）	高首鲟 *A. transmontanus*、短吻鲟 *A. brevirostrum*、湖鲟 *A. fulvescens*、密苏里白铲鲟 *S. albus*、铲鲟 *S. platorynchus*、西伯利亚鲟 *A. baerii*、杂交鲟 Bester（*H. huso*♀×*A. ruthenus*♂）
	鲤疱疹病毒 3 型（cyprinid herpesvirus-3，CyHV-3）	俄罗斯鲟 *A. gueldenstaedtii*、大西洋鲟 *A. oxyrinchus*、杂交鲟 Bester（*H. huso*♀×*A. ruthenus*♂）
腺病毒科 Adenoviridae	高首鲟腺病毒（white sturgeon adenovirus 1，WSAdV-1）	高首鲟 *A. transmontanus*
弹状病毒科 Rhabdoviridae	传染性造血器官坏死病病毒（infectious hematopoietic necrosis virus，IHNV）	高首鲟 *A. transmontanus*
	鲤春病毒（spring viraemia of carp virus，SVCV）	西伯利亚鲟 *A. baerii*
诺达病毒科 Nodaviridae	β-野田村病毒（betanodavirus）	俄罗斯鲟 *A. gueldenstaedtii*
双 RNA 病毒科 Birnaviridae	传染性胰腺坏死病毒（infectious pancreatic necrosis virus，IPNV）	西伯利亚鲟 *A. baerii*
呼肠病毒科 Reoviridae	呼肠孤病毒（aquareovirus）	中华鲟 *A. sinensis*
	乳多泡病毒样病毒（Papova-like virus）	高首鲟 *A. transmontanus*

第二节 致病性病毒及症状

一、高首鲟虹彩病毒

1. 感染物种

病毒主要感染高首鲟虹皮肤、鳃和上消化道上皮，是最主要的致病性鲟病毒。湖鲟、俄罗斯鲟也易感。

2. 病毒形态

病鱼鳃部细胞可观察到大量病毒颗粒，病毒形态为直径大约 262 nm 的二十面体结构，病毒核心为 184 nm。

3. 感染症状

该病毒的主要临床症状为口腔黏膜和呼吸道上皮感染，鱼体昏昏欲睡，停止进食，继而引起持续消瘦甚至最终死亡。组织病理变化包括：鳃和皮肤的上皮细胞和表皮细胞过度增大，感染细胞中常见棒状结晶体，细胞核肿胀增大。该病毒可以通过水体进行垂直传播，也有报道认为可以发生亲鱼向幼鱼的垂直传播。虽然成鱼临床症状不明显，但可能成为病毒携带者。12 月龄以下高首鲟鱼苗易发此病，累积死亡率可达 95%，成鱼不引起感染。WSIV 病毒的最适生长温度为 15～20℃，在水温 10～23℃时，受感染鲟的死亡率为 71%～54%（Mugetti et al.，2020）。

二、密苏里鲟病毒

1. 感染物种

仅发现于美国密苏里河中患病的密苏里白铲鲟和铲鲟体内。孵化到幼鱼期铲鲟易感染。

2. 病毒形态

受感染细胞的细胞质中可观察到病毒颗粒，病毒颗粒形态为直径 254 nm 二十面体结构。

3. 感染症状

水温 15℃时 1 个月左右出现病鱼死亡，第 50～60 天达到死亡高峰。有报道显示铲鲟几个孵化的幼鱼死亡率达 100%。组织病理变化显示鳍和体表的表皮细胞增大，细胞核偏移并呈多形性，细胞质染成两染至酸性。投喂受病毒感染的组织或和已感染的密西西比铲鲟共养，能将病毒传播给幼年密苏里铲鲟。病毒感染的密苏里铲鲟可在 8.5 个月后恢复至无明显临床症状（Mugetti et al.，2020）。

三、不列颠哥伦比亚高首鲟病毒

1. 感染物种

报道于 2001 年加拿大不列颠哥伦比亚高首鲟中。

2. 感染症状

感染鲟体长 8～10 cm，症状为食欲不振、嗜睡和反应迟钝，严重时鱼体死亡（Mugetti et al.，2020）。

四、Namao 病毒

1. 感染物种

加拿大湖鲟。

2. 感染症状

致死率达 62%～99.6%，在 94%的濒死或死亡湖鲟中可以检测到该病毒主衣壳蛋白基因序列，其 PCR 扩增长度为 219 bp。病毒对表皮细胞有组织嗜性，病毒感染引起鳃和皮肤的嗜酸性上皮细胞增大（Mugetti et al.，2020）。

五、欧洲鲟虹彩病毒

1. 感染物种

俄罗斯鲟。

2. 感染症状

在不同个体中感染症状也有差异，主要症状为厌食，嗜睡，反复无常游动。表面上，可以看到皮肤溃疡和有大量黏液的鳃，但没有特异的临床症状。在幼鱼体内病毒性坏死更为严重，死亡率从 30%变化至 100%。这种病毒经常与环境中条件致病菌共出现。在所有感染的物种中俄罗斯鲟最易感染（Mugetti et al.，2020）。

六、鲟疱疹病毒Ⅰ型

1. 感染物种

高首鲟。

2. 病毒形态

病鱼细胞核内和细胞质中可观察到病毒粒子，病毒粒子的核衣壳直径为 110 nm，成熟病毒颗粒有外膜，最大直径为 230 nm。

3. 感染症状

鲟疱疹病毒Ⅰ型（WSHV-Ⅰ）会通过体表和口腔黏膜感染导致高首鲟幼鱼死亡，在感染 WSHV-Ⅰ后无明显体表特征，但会引起鱼类死亡。在美国和意大利也报道过这种病毒，在美国、意大利患病鲟体内也发现了该病毒。主要感染高首鲟幼鱼，致死率为 50%。病毒主要感染鲟体被和口腔黏膜，引起表皮增生或坏死，胃肠道充满液体。组织病理变化包括：口腔皮肤和黏膜上皮细胞增生粘连，细胞间质水肿；马氏管细胞水肿变性，失去细胞间连接；细胞核物质边缘化，有核内包涵体（Mugetti et al.，2020）。

七、鲟疱疹病毒Ⅱ型

1. 感染物种

高首鲟、西伯利亚鲟。

2. 病毒形态

病鱼皮肤细胞中可观察到病毒颗粒，病毒衣壳为 100～110 nm 球形，成熟病毒颗粒有外膜，直径可达 200～250 nm。

3. 感染症状

从一尾高首鲟卵巢液中分离到的，在感染鲟疱疹病毒Ⅱ型（WSHV-Ⅱ）后表现的主要症状为体表有白色小水泡，继而造成鱼体表面创口。1995 年从患病成年高首鲟性腺组织中分离出，在美国、加拿大、欧洲患病鲟体内均有发现。该病毒主要感染高首鲟成鱼和近成年鱼，也可感染短吻鲟，在水温 17℃时死亡率达 80%。染后症状主要表现为病鱼行动迟缓，游动异常，头部和胸鳍出现圆形或椭圆形突起的浅色损伤，并附着大量黏液，腹部和肛门充血。组织病理分析显示口咽部位的表皮、黏膜和呼吸道上皮细胞是病毒的靶组织，鳃部上皮细胞增生，口咽部上皮细胞表面黏膜水肿、脱落，并有大量细胞坏死。

西伯利亚鲟稚鱼和幼鱼也能感染此病毒。该病毒发病水温 14～19℃，稚鱼和幼鱼死亡率高达 100%，2 龄鲟死亡率为 40%。感染后症状主要表现为病鱼行动迟缓，停止摄食，体色变白，停留池底，腹部、体侧和嘴周严重出血，皮肤坏死，肝苍白失血（Mugetti et al.，2020）。

第四章 细菌性疾病

虽然病毒性疾病对水产养殖业造成了巨大的经济损失，但是多数学者认为继发感染的细菌病是导致养殖鱼类暴发性死亡的主要原因。根据近十年报道，引起鲟暴发性死亡的病原菌主要是，引起鲟患细菌性败血症的运动型气单胞菌（Motile *Aeromonas* spp.），引起鲟患分枝杆菌病的非结核分枝杆菌（non-tuberculosis *Mycobacteria*，NTM）以及引起鲟器官病变或败血症的假单胞菌（*Pseudomonas* spp.）和链球菌（*Streptococcus* spp.）等（江南等，2016；Santi et al.，2018）。同时，作为条件性致病菌的点状气单胞菌（*Aeromonas punctata*）（朱永久等，2005）、产碱甲单胞菌（*Pseudomonas alcaligenes*）（Xu et al.，2015）、类志贺邻单胞菌（*Plesiomonas shighelloides*）（王小亮等，2013；张明洋等，2019）、弗氏柠檬酸杆菌（*Citrobacter freundii*）（杨移斌等，2013）、脑膜败血伊丽莎白菌（*Elizabethkingia meningoseptica*）（邸军等，2018）及鲁氏耶尔森菌（*Yersinia ruckeri*）偶尔也会引起鲟患病甚至死亡。

第一节 海豚链球菌病

海豚链球菌（*Streptococcus iniae*）隶属于乳杆菌目链球菌科链球菌属，于1976年从美国旧金山捕获的亚马孙淡水海豚皮下化脓灶中首次分离鉴定（Pier and Madin，1976）。自20世纪80年代开始，鱼类海豚链球菌病逐渐成为危害全球温带水域淡水和海水有鳍鱼类的重要疾病。随着海豚链球菌病在水产养殖业中的频繁发生，加大了养殖从业人员和烹饪者接触感染的风险。现有资料显示，感染海豚链球菌的人群多为体质较弱且有较长时间的基础病史的老年人（Lau et al.，2003；Koh et al.，2004）。海豚链球菌病作为一种人与水生动物的共患疾病，不仅给水产养殖生产造成严重损失，同时也给密切接触人员带来安全隐患。本章以鱼类海豚链球菌病流行现状为背景，围绕养殖鲟海豚链球菌病的流行情况、临床症状、病理损伤、致病机制和防治策略分别展开介绍。

一、鱼类海豚链球菌病流行现状

自1958年在虹鳟上报道链球菌病（Hoshina et al.，1958）至今，无乳链球菌（*S. agalactia*）、海豚链球菌（*S. iniae*）、停乳链球菌（*S. dysgalactiae*）、副乳房链

球菌（*S. parauberis*）等链球菌病原均能引发鱼类链球菌病。由海豚链球菌引起的鱼类链球菌病，从 20 世纪 80 年代开始流行。1986 年，中国台湾和以色列由 *Streptococcus shiloi* 感染引发的虹鳟（*Onchorynchus mykiss*）和罗非鱼（*Oreochromis niloticus*）的急性脑膜炎，死亡率高达 50%（Eldar et al.，1994）；随后研究发现，该菌与海豚链球菌的基因型和表型一致，因此统一为海豚链球菌（Eldar et al.，1995）。自 1992 年起的每年夏天，澳大利亚海水网箱养殖的澳洲肺鱼都会暴发海豚链球菌病（Bromage et al.，1999）。1994 年，海豚链球菌病席卷以色列的罗非鱼和虹鳟养殖，造成严重经济损失（Eldar et al.，1994）。在美国，海豚链球菌感染养殖鱼类先后在德克萨斯州（Perera et al.，1994）和马萨诸塞州（Stoffregen et al.，1996）报道。鱼类海豚链球菌病在亚洲、中东和加勒比海其他地区也被陆续报道，成为一种危害全球水产养殖的重要细菌性疾病。资料记载显示，海豚链球菌可感染鲑鱼、香鱼、澳洲肺鱼、银大马哈鱼、海鲈、金头鲷、鳕鱼、罗非鱼、牙鲆、虹鳟、斑马鱼、小丑泥鳅、非洲丽鱼等 30 多种养殖和野生鱼类（Agnew and Barnes，2007）。其中罗非鱼被认为是海豚链球菌的极易感宿主，在美国海豚链球菌病给罗非鱼养殖业造成了重大危害（Chang and Plumb，1996）。

海豚链球菌感染主要引起鱼类表现为败血症、脑膜炎和全眼球炎等症状。不同鱼类表现的症状存在差异，这与菌株毒力、侵袭途径和宿主健康状态有关（Bromage and Owens，2002）。病鱼临床表现为体色发黑、游动障碍、食欲减退、嗜睡、角膜浑浊、单侧双侧眼球的外凸，有的也会表现出呼吸急促、脊柱弯曲、鱼体消瘦等症状。病鱼解剖发现，由于颅内浮肿和严重的眼球出血性炎症导致眼球变性；脑部充血，有出血点；肝淤血、出血，有的有坏死灶；脾肿大呈暗红色，胆囊充盈，肠腔积水。并非所有的鱼类感染海豚链球菌都会表现出症状，眼观无症状的肺鱼颅内也分离到了海豚链球菌，其他的研究也证实有携带细菌的无症状感染鱼群存在（Zlotkin et al.，1998）。在鱼类感染中，海豚链球菌血清Ⅰ型主要引起神经症状，血清Ⅱ型主要引起全身性脓毒性疾病，包括多组织器官病变和体内弥散性出血（Bachrach et al.，2001）。

二、鲟海豚链球菌病流行现状

海豚链球菌病是鲟养殖中一种新兴的细菌性疾病，我国最早在北京地区养殖的杂交鲟和西伯利亚鲟上有分离报道。迄今为止，鲟海豚链球菌病的报道集中在我国华北地区和西南地区，以及美国西部太平洋沿岸（表 4-1）。海豚链球菌可以自然感染包括西伯利亚鲟（*Acipenser baerii*）、俄罗斯鲟（*Acipenser gueldenstaedtii*）、白鲟（*Psephurus gladius*）和杂交鲟在内的多种养殖鲟。采用腹腔和肌肉注射方式也可人工感染波斯鲟（*Acipenser persicus*）（Soltani et al.，

2014）。鲟在整个养殖阶段都存在海豚链球菌的感染风险，疾病主要暴发在鱼种规格和亚成体规格阶段。

表 4-1　鲟海豚链球菌感染分布

宿主	位置	分离时间	报道时间	参考文献
杂交鲟	中国北京怀柔	2012.7	2014	王小亮等，2014
西伯利亚鲟	中国北京房山	2013.8	2015	连浩淼等，2015
鲟	中国河北涞源	2016.8	2016	王静波等，2016
西伯利亚鲟	中国四川雅安	2013.8-9	2015	邓梦玲等，2015
鲟	中国四川彭州	2016.6	2018	郑李平等，2018
杂交鲟，俄罗斯鲟	中国四川蒲江	2019.7	2019	陈德芳等，2019
白鲟	美国太平洋西北地区	2015.10～2016.2	2017	Esteban et al.，2017
白鲟	美国加利福尼亚州	2018.10～2019.5	2020	Pierezan et al.，2020

　　水平传播是细菌感染的主要传播方式，养殖水域中的野生鱼类也会成为海豚链球菌感染的带毒者（Colorn et al.，2002）。而皮肤和肠道是海豚链球菌感染的重要入侵门户。鲟海豚链球菌病的发生受到环境因素和养殖管理的影响。鲟海豚链球菌病多流行于夏季 6～9 月的高温时段，水温 20℃以上时疾病进程加剧。鲟转场运输后出现的明显温差也会诱发疾病，在美国 3 龄大小的白鲟从原养殖场平均19℃的水温环境转运至平均 23℃的环境中，一周后开始表现出明显的临床症状（Esteban et al.，2017）。此外，暴雨使得水位上涨和水体浑浊也会增加养殖场中鲟对海豚链球菌的感染风险。在水温相对较低的冬季，鲟海豚链球菌感染会引起零星死亡，死亡率仅为 1%～2%；在流行季节，表现出临床症状的鲟发病 1～2 周达到死亡高峰，死亡率可达 30%～48%。

三、鲟海豚链球菌致病机制

（一）病理变化

　　鲟感染海豚链球菌的潜伏期尚不清楚，感染初期鱼体无明显行为异常和大体病变。随着疾病的发展，病鱼漂浮在水面，游动迟缓或在水中快速窜游，身体弯曲呈拱背状，严重时身体失去平衡且惊吓呆滞，此时疾病以一般性临床症状的表现为主，处于疾病前驱期。进一步发病鱼群采食量明显下降，病鱼口腔周围和胸鳍基部表现出出血发红，肛门红肿外突，有的鱼体表出溃疡等明显病变。充分发展期疾病病征可分为肌炎型、肠炎型和败血症型。肌炎型病变以肌肉组织损伤为主，体表可见大小不等、界限清楚的溃疡（图 4-1，图 4-2），周围有纤维蛋白和坏死物质形成的黄色渗出物或弥漫性出血引起的红色胶质（Pierezan et al.，2020）。

肠炎型病变以消化系统损伤为主，肠内无食物残饵，瓣肠肠腔内壁出血，直肠肿胀、出血（图4-3）（彭爽，2019）。败血症型主要表现以全身多组织器官的炎性病变和出血性坏死为主，腹腔内有大量淡黄色或血样腹水，腹膜有出血斑；肝色白质脆有点状出血或弥散状出血（图4-4），脾肿大呈暗紫色，肾肿大出血。最终，鲟海豚链球菌感染的疾病转归受到病原、环境和宿主的共同影响。

图4-1　西伯利亚鲟体表溃疡（邓梦玲，2016）

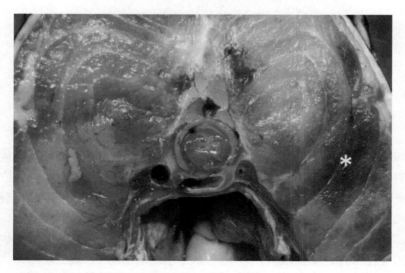

图4-2　肌肉坏死区（＊）界限不清，暗红易碎（Pierezan et al.，2020）

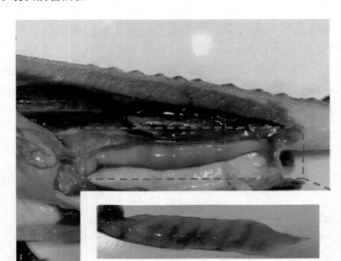

图 4-3　西伯利亚鲟肠炎

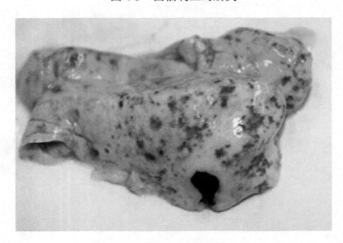

图 4-4　肝点状出血（邓梦玲，2016）

　　组织病理学观察可见，溃疡部位肌肉细胞变性，肌浆溶解，细胞膜破裂，肌细胞间有炎性细胞浸润；大量球菌聚集散布在坏死的肌细胞间，也成对或成链出现在坏死的肌纤维上（图 4-5）。肠道病理变化主要在瓣肠，瓣肠中心螺旋瓣区域虽出现部分上皮细胞脱落坏死，但整体的结构和黏液细胞形态依旧完整，损伤较轻微（图 4-6）；瓣肠外周肠壁黏膜上皮细胞肿胀脱落，黏液细胞数量减少，黏膜下层组织炎性水肿，间隙增宽；严重的肠绒毛结构崩解，黏膜上层坏死，下层结缔组织裸露。在全身性感染的组织病理学变化中，肝、肾、脾和胰腺都表现出严重的出血性炎症，并伴有坏死。肝静脉管腔被大量浸润的淋巴细胞、巨噬细胞和

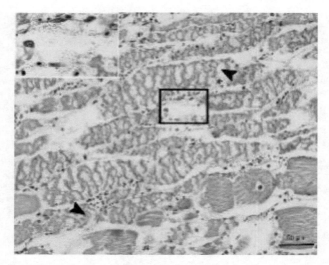

图 4-5 坏死性肌炎，大量蓝染细菌颗粒（局部放大图）（邓梦玲，2016）

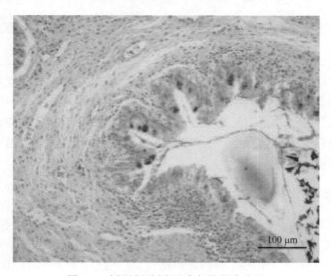

图 4-6 瓣肠螺旋瓣区域大量黏液分泌

中性粒细胞包裹，血管周围肝细胞变性坏死，细胞界限不清，仅残存部分核碎片（图 4-7）。脾白髓区出血，淋巴细胞坏死，红髓区淤血。肾小球肿胀，肾小囊内有嗜伊红染渗出物；肾小管上皮细胞变性、坏死，管腔内有红色的蛋白样物质或脱落的上皮细胞形成的管型。胰广泛性出血，胰腺细胞坏死，大量含铁血黄素沉积，伴有炎性细胞浸润。海豚链球菌造成的全身多器官功能障碍是导致西伯利亚鲟死亡转归的主要原因。但在局部感染中，宿主也可以通过自身免疫系统对抗或清除海豚链球菌，疾病出现缠绵或痊愈。

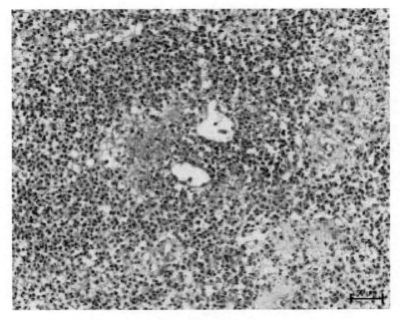

图 4-7　出血性肝炎（邓梦玲，2016）

在海豚链球菌感染中还观察到心外膜增厚，有囊状物形成的疣状突起明显，颜色发黑或发黄的现象。组织学观察发现，鲟心脏外膜具有类似于淋巴样组织的特殊结构，在海豚链球菌引起的全身性败血症感染中，推测其可能参与宿主的免疫响应。但鲟海豚链球菌病中，心外膜淋巴样组织的组织学变化是生理性响应还是病理性损伤还值得进一步研究。

（二）肠道炎症变化

向西伯利亚鲟肛门灌注海豚链球菌能够引起肠道炎症反应（Chen et al.，2020）。以 0.01 mol/L PBS 和浓度分别为 1.0×10^6 CFU/ml、1.0×10^7 CFU/ml、1.0×10^8 CFU/ml 的海豚链球菌对西伯利亚鲟进行肛门灌注。结果表明，0.01 mol/L PBS 组西伯利亚鲟正常，肠道无异常症状出现（图 4-8A）。1.0×10^6 CFU/ml 组西伯利亚鲟体表轻微病变，肛门轻微发红，肠道变化不明显（图 4-8B）。1.0×10^7 CFU/ml 组西伯利亚鲟肠炎症状明显，肛门中度发红充血；解剖可见腹腔内有少量淡黄色腹水，幽门盲囊和十二指肠轻微发红，瓣肠前端无内容物，肠壁变薄并充出血，瓣肠末端伴有少量淡黄色炎性脓液渗出（图 4-8C）。1.0×10^8 CFU/ml 组西伯利亚鲟出现严重肠炎或濒死，肛门重度充血；解剖可见大量腹水，幽门盲囊、十二指肠和瓣肠内无内容物且严重充出血，肠道皱缩无弹性，瓣肠内存在大面积的肠黏膜损伤并包含大量的白色脓液（图 4-8D）。

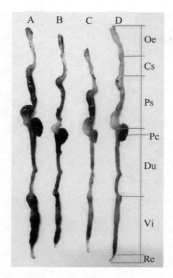

图 4-8　不同剂量 *S. iniae* 处理 5 d 后西伯利亚鲟肠炎症状差异

A. 0.01 mol/L PBS 对照组，正常肠道；B. 1.0×10⁶ CFU/ml 浓度组，肠道有轻微炎性特征；C. 1.0×10⁷ CFU/ml 浓度组，肠道有明显肠炎；D. 1.0×10⁸ CFU/ml 浓度组，肠道有严重肠炎。Oe. 食道；Cs. 贲门胃；Pc. 幽门盲囊；Ps. 幽门胃；Du. 十二指肠；Vi. 瓣肠；Re. 直肠

　　以浓度为 $2.0×10^7$ CFU/ml 的海豚链球菌对西伯利亚鲟进行肛门灌注，根据病程发展表现和临床肠炎特征，感染进程可分为死亡前期（1～3 d）、死亡期（4～6 d）和死亡后期（7～10 d）（Chen et al.，2020）。瓣肠髓过氧化物酶（myeloperoxidase，MPO）活性在死亡期显著升高，十二指肠差异不明显，表明嗜中性粒细胞的响应主要发生在瓣肠。对瓣肠进行病理损伤观察，结果显示死亡前期肠道损伤表现为渗出性炎症（图 4-9A～C）；瓣肠黏膜下层疏松水肿、炎性细胞浸润；黏液细胞增多、黏蛋白大量分泌；黏蛋白部分覆盖微绒毛上皮。死亡期肠道损伤表现为变质性炎症（图 4-9D～F）；瓣肠黏膜下层水肿裸露、上皮细胞脱落坏死；黏液细胞形态丧失、黏蛋白覆盖损伤肠绒毛表面；微绒毛断裂、脱落，表面凹凸不平形成空洞。死亡后期肠道损伤表现为增生性炎症（图 4-9G～I），瓣肠上皮细胞增生，黏液细胞形态逐渐恢复；微绒毛结构逐渐清晰。

（三）菌株致病性

　　海豚链球菌菌株的毒力与遗传基因信息有关。加拿大 9 例患病鱼类分离的海豚链球菌通过脉冲场凝胶电泳（pulsed-field gel electrophoresis，PFGE）集中在一个基因表型，而 42 株鱼体分离株则表现出丰富的遗传多样性（Mitchell et al.，1997）。在小鼠皮下感染模型中发现，具有疾病相关 PFGE 特征的海豚链球菌致病株只需要 10^2 CFU 就可以形成菌血症，10^7 CFU 可以引起体重明显下降和死亡率上升。

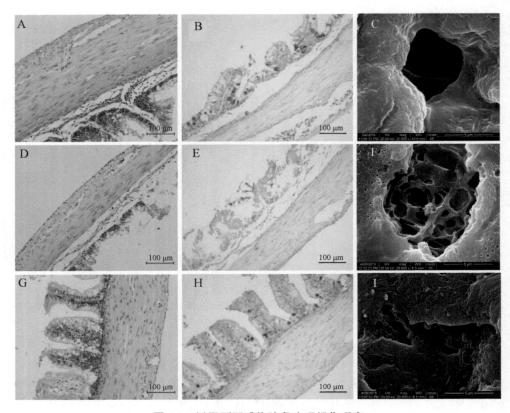

图 4-9　瓣肠不同感染阶段病理损伤观察

A～C，死亡前期；D～F，死亡期；G～I，死亡后期。A、D 和 G，H.E.染色；B、E 和 H，AB-PBS 染色；
C、F 和 I，扫描电镜

相比之下，共生菌株即使接种 10^8 CFU 也不能引起菌血症（Fuller et al.，2001）。对 2001～2005 年我国 27 株鱼类海豚链球菌分离株进行 PFGE 分析显示，17 个基因型聚为 5 大类（Zhou et al.，2008）。一般而言，海豚链球菌分离自相同的养殖场展现出高度的 PFGE 图谱相似性，但同一养殖场中不同宿主来源菌株可能存在差异。基因型与菌株的生物学特性密切关联，如相同 PFGE 图谱的广东惠州地区分离的 4 株海豚链球菌都表现出共同的菌落特征，即表面黏稠具有 β 溶血。而细胞溶血素是海豚链球菌重要的毒力因子之一，能够使宿主红细胞发生溶血，并破坏正常细胞的细胞膜，导致多组织器官的损伤。关于鲟海豚链球菌分离株的基因分型研究匮乏。在加利福尼亚白鲟海豚链球菌分离株在 *gyrB* 的保守区段中 223 位共享一个"G-T"的特定点突变，提示一种独特的遗传变异可能与疾病暴发有关（Pierezan et al.，2020）。

目前已报道资料显示，海豚链球菌具有十多种毒力因子，它们相互协作实现细菌的黏附、入侵、增殖和扩散的感染过程。其中海豚链球菌表面 M-like 蛋白（M-like protein，simA/simB）具有绑定纤维蛋白原的功能，能够黏附鱼上皮细胞。乙酰基酶（polysaccharide deacetylase，*pdi*）也有助于细菌的黏附和入侵，并能抵抗溶菌酶溶菌作用。然而研究显示，海豚链球菌致病株和共生株对人上皮细胞和内皮细胞都具有黏附和侵袭能力，但致病株在抵抗吞噬细胞清除和对内皮细胞的直接细胞毒性上明显强于共生株（Fuller et al.，2001）。因此抗吞噬能力和直接细胞毒性是海豚链球菌重要的毒力因子。海豚链球菌荚膜多糖（polysaccharide capsule，其基因为 *cps*）覆盖包裹在菌体表面，可以有效抵抗吞噬细胞的氧化吸收，实现细菌在细胞内的存活。缺失荚膜 Δ*cpsD* 的缺失株与野生型海豚链球菌株相比，其荚膜明显变薄，对抗血液中吞噬细胞的吞噬能力减弱。此外，M-like 蛋白也具有抗吞噬细胞的功能。

海豚链球菌具有的溶细胞素是一种链球菌溶血素 S（cytolysin streptolysin S，SLS，其基因为 *sag*）的功能性同系物，除了溶解红细胞外，还能溶解白细胞、淋巴细胞并损伤宿主细胞膜，导致宿主细胞的损伤，有助于感染的蔓延扩散。除了直接作用于宿主细胞外，海豚链球菌还有一套宿主免疫的拦截装备，如 C5a 肽酶（C5a peptidase，其基因为 *scp*）可以水解白细胞化学诱导物补体因子 C5a；白细胞介素-8蛋白酶（Interleukin-8 protease，其基因为 *cepI*）能降解 IL-8；CAMP 因子（CAMP factor，其基因为 *cfi*）能够与免疫球蛋白的 Fc 区域结合，阻挡抗原的结合和递呈。邓梦玲（2016）对鲟海豚链球菌株的 M-like 蛋白、乙酰基酶、荚膜多糖、溶血素和C5a 肽酶相关基因片段进行了检测，结果表明西伯利亚鲟致病株同时具有 *simA*、*pdi*、*cpsD*、*sagA* 和 *scpI* 5 种毒力基因；该菌株与西伯利亚鲟血清共孵育 1 h 后，细菌存活率可达 66.2%。而海豚链球菌白鲟分离株能在血清清除作用中存活，但经人工感染未能成功致病。

除了菌株自身毒力因素外，海豚链球菌对宿主的致病性还受到感染方式、环境温度、养殖密度、宿主本底健康状况等多方面的影响。不同海豚链球菌分离株对鲟的致死剂量存在差异，如 Soltani 等（2014）腹腔注射波斯鲟 48 h、72 h 和 96 h 的 LD_{50} 分别为 $1.1×10^3$ cells/尾、$8.0×10^3$ cells/尾和 $3.7×10^6$ cells/尾；肌肉注射时 LD_{50} 则分别为 $4.8×10^2$ cells/尾、$1.8×10^3$ cells/尾和 $6.4×10^5$ cells/尾。邓梦玲等（2015）腹腔注射西伯利亚鲟 7 d 的 LD_{50} 为 $6.4×10^5$ CFU/尾。彭爽（2019）采用经肠感染 $1.5×10^6$ CFU/尾和 $1.5×10^7$ CFU/尾的海豚链球菌，西伯利亚鲟 14 d 累计存活率分别为 91.67% 和 16.67%。而 Esteban 等（2017）在白鲟疱疹病毒 II 型和海豚链球菌混合感染的病例中，人工体腔接种 10^7 CFU 海豚链球菌在感染的 30 d 内均未观察到死亡，分析海豚链球菌可能是白鲟的一种机会致病菌。

（四）宿主免疫应答

海豚链球菌由水环境传播和群体间的表面接触传播来感染鱼体，体表和肠道是其感染入侵的主要门户。肠道菌群定植在肠道表面黏膜上生长，形成一道天然保护屏障，与宿主共同维持稳态的平衡。在西伯利亚鲟经肠感染海豚链球菌后，通过 16S rDNA 高通量测序检测肠道菌群丰度变化显示，发现肠道梭状芽孢杆菌属和鲸杆菌的占比在感染后 2 d 上升，4～7 d 时减少；邻单胞菌属比例在第 2 天减少后逐渐恢复，而拟杆菌属减少并一直维持较低水平；乳球菌属在疾病暴发后明显增加。外源海豚链球菌的引入率先打破了肠道菌群的稳态，瓣肠黏液分泌增加，螺旋瓣区域上皮黏液细胞数多。但海豚链球菌并未在西伯利亚鲟的肠道定植，而是直接侵袭肠道黏膜层和黏膜下层引起侵袭性肠炎。借助组织病理学观察，在黏膜下层可见炎性水肿和炎性细胞浸润。随着黏膜上皮细胞的坏死脱落，黏液细胞数量减少。黏液细胞分泌的黏蛋白由肠内表达的 *Muc2* 基因编码，在抵抗致病菌、免疫刺激和蛋白消化中发挥重要作用。海豚链球菌感染后 *Muc2* 相对表达量呈上调趋势，表明宿主黏膜免疫激活响应感染刺激，同时分泌的黏液对肠道菌群的稳态修复也具有重要意义。

进入组织的海豚链球菌通过血液循环到达全身各个组织，在经肠道感染的第 2 天，西伯利亚鲟的血液和肝均有海豚链球菌阳性检出。血液中的吞噬细胞和血清补体可以清除病原，但研究显示海豚链球菌可以抵抗吞噬细胞和血清的杀灭作用，这为感染的蔓延扩散创造了条件，也会导致持续性炎症刺激。肝血管周围大量的炎性细胞招募表现出典型的血管炎。脾白髓区域网络大量的细菌颗粒，表明海豚链球菌并未被脾的巨噬细胞和网状内皮细胞清除。劫持移行的吞噬细胞可能也是海豚链球菌对抗宿主免疫穿过血脑屏障的途径之一。成功逃避吞噬细胞的杀伤后，菌体通过血液或淋巴组织在鱼体形成全身性扩散、繁殖，加剧了鱼体组织器官的损伤，引发多器官功能障碍或衰竭进而死亡。关于鲟抗海豚链球菌的分子免疫机制亟待研究和探索。

四、鲟海豚链球菌感染防治

（一）预防

鲟链球菌病的暴发与环境和宿主健康状况存在关联，因此，在疾病预防中需要加强养殖管理，如高温季节适当降低养殖密度、避免养殖中温差骤然变化和外伤等。益生菌在饲料中添加有利于提高鲟的抗感染能力，如日粮中添加 1% 和 2% 的益生菌 GroBiotic®-A 饲喂 8 周，可以将鲟皮肤黏液对海豚链球菌的抑制活性提高 44%（Adel et al.，2016）；植物乳杆菌以 $1×10^8$ CFU/g 和 $1×10^9$ CFU/g 饲料投喂

8 周可显著提高西伯利亚鲟补体活性、免疫球蛋白含量和溶菌酶活性，能显著提高海豚链球菌感染的存活率（Pourgholam et al.，2017）。螺旋藻富含丰富的蛋白质、维生素和矿物质等，在日粮中添加 5%和 10%螺旋藻饲喂 8 周，也可以显著提高皮肤黏液对海豚链球菌的抑制活性（Adel et al.，2016）。

围绕海豚链球菌国内外已开展了灭活疫苗、减毒疫苗、亚单位疫苗和 DNA 疫苗的相关研究（表 4-2），疫苗使用都展现出了良好的免疫效果。此外，两种商业化的灭活疫苗在亚洲的部分地区应用（Agnew and Barnes，2007）：一种是英特威公司生产的单价灭活疫苗（Norvax Strep Si），其在印度尼西亚用于免疫亚洲黑鲈取得良好效果；另一种是先灵葆雅公司生产的海豚链球菌和格氏乳球菌二价疫苗（Aqua Vac^{TM} Garvetil^{TM}），其通过浸泡或口服方式免疫罗非鱼。在鲟上，两种海豚链球菌疫苗被接种用于评价血清抗体滴度，其中一种疫苗来自以色列，另一种来自乌拉圭本地，120 d 后免疫组的鱼抗体滴度显著高于对照组（Cattáneo et al.，2010）。疫苗的使用受到温度、环境和宿主自身健康状况的影响，在鲟上海豚链球菌疫苗的应用还未见相关报道。

表 4-2　部分海豚链球菌鱼用疫苗研究种类与效果

品种	疫苗种类	途径	相对保护率	参考文献
虹鳟	灭活疫苗	注射	死亡率 50%下降到 5%	Bachrach et al.，2001
罗非鱼	灭活疫苗	注射	93.2%	Soltani et al.，2014；Shoemaker et al.，2012
牙鲆	灭活疫苗	注射	89.3%	Shin et al.，2007
杂交条纹鲈	减毒疫苗	注射/浸泡	95%～100%	Locke et al.，2010
牙鲆	亚单位疫苗	注射	60%～69.7%	汪笑宇等，2008；Cheng et al.，2010
斑点叉尾鮰	亚单位疫苗	注射	65%～75%*	王均，2017
牙鲆	DNA 疫苗	注射	65%～92.3%	Sun et al.，2010，2012
斑点叉尾鮰	DNA 疫苗	注射	75%～85%*	王均，2017

*免疫后第四周的相对保护率

（二）治疗

海豚链球菌病一旦暴发应及时清除带毒死鱼，并对水体进行消毒处理，也可以通过增加水流量或降低养殖密度来降低疾病传播风险。对 30 种中草药体外抑菌作用研究发现，黄连、黄芩、连翘、丁香和秦皮对鲟源海豚链球菌都具有较强的抑菌和杀菌效果（姚丽等，2020）。0.1%的天然聚合物壳聚糖，可以与海豚链球菌表面相反电荷发生吸附凝集，破坏细菌细胞膜，导致细胞质内容物外泄和细菌死亡；0.4%的壳聚糖与海豚链球菌共孵育 24 h 可以使细菌完全失活，但壳聚糖在海豚链球菌病的治疗使用还需要开展动物感染模型的治疗研究（Beck et al.，2019）。

发病后的鲟建议停食胃排空 1～2 天，以减少胃肠道负担，再选择敏感药物进行拌料投喂。药物敏感性检测发现海豚链球菌对阿莫西林、强力霉素、氟苯尼考和庆大霉素敏感，不同分离株在药物的敏感度上存在差异，同时临床药物的选择还需结合用药史。药物治疗稳定后，还需进一步修复肠道菌群，Di 等（2019）从长江鲟肠道中分离的枯草芽孢杆菌对海豚链球菌、嗜水气单胞菌和维氏气单胞菌等鲟致病菌表现出明显的抑制作用，通过投喂枯草芽孢杆菌后鲟血清总抗氧化能力、总超氧化物歧化酶活性和 IgM 都得到了显著提升，从而提高了鲟抵抗力。

第二节　分枝杆菌病

一、鱼类分枝杆菌病流行现状

（一）分枝杆菌概况

1. 分枝杆菌分类

分枝杆菌属隶属于放线菌纲（Actinobacteria），放线菌目（Corynebacteriales），分枝杆菌科（Mycobacteriaceae）。分枝杆菌属（*Mycobacterium*）细菌是一类细长略带弯曲的杆菌，以分枝生长趋势得名，可分为三个类群，即结核分枝杆菌复合群、非结核分枝杆菌和麻风分枝杆菌。该属的细菌大多数抗酸，难以着色，经加温或延长时间着色后能够抵抗盐酸酒精的脱色作用，因此又称之为抗酸杆菌（acid-fast bacillus）。该属的细菌无鞭毛、无芽孢、不产生内毒素和外毒素，致病性与菌体成分有关。分枝杆菌属的细菌种类很多，国际分枝杆菌分类研究组（IWGMT）依据细菌生长速度对分枝杆菌进行分类，即缓慢生长型分枝杆菌、快速生长型分枝杆菌和不能培养分枝杆菌。

2. 鱼类分枝杆菌病

鱼类的分枝杆菌病又称鱼类结节病、结核病或肉芽肿病（Frerichs，1993）。鱼类分枝杆菌病是由非结核分枝杆菌（non-tuberculous mycobacteria，NTM）感染引起的长期性感染疾病。NTM 是指结核分枝杆菌、牛分枝杆菌与麻风分枝杆菌以外的分枝杆菌，广泛存在于水体、土壤、空气等自然环境中。它有一些区别于结核分枝杆菌的特性，如对酸碱比较敏感；对常用的抗结核菌药物较耐受；生长温度没有结核分枝杆菌严格。到目前为止，共发现 154 种 NTM 和 13 个亚种。存活时间可以达 2 年以上（Falkinham，2002；2009）。它是一种条件致病菌，特别是当鱼类个体的免疫系统处于较弱的时候更容易感染（Gauthier and Rhodes，2009）。目前已知在 NTM 中有 37 种分枝杆菌具有致病性（王铁峰，2011）。同时它也是人的一种机会致病菌，对人类尤其是渔民的健康构成威胁。鱼类的分枝杆菌病最早是在鲤科鱼类中发现（Gauthier and Rhodes，2009），之后就出现在各种海水鱼类和淡水鱼类中（Kaattari et al.，2006），并多半见于海水观赏鱼类和淡水观赏鱼类（whipps et al.，2003），近年来普遍存在于一些国家重要海水野生鱼类和养殖鱼类中（Toranzo et al.，2005；Kaattari et al.，2006；杜佳垠，2007），目前发现可以感染 167 种鱼类（Kaattari et al.，2006；Jacobs et al.，2009）。在观赏鱼类中，近年来，世界各地都有感染分枝杆菌病的报道，其中包括马来西亚、西班牙、南非、英国、意大利、斯洛文尼亚等国家（杜佳垠，2007）。在养殖鱼类中，西班牙和葡萄牙等国家均有养殖大菱鲆感染分枝杆菌的报道；美国也有人工养殖牙鲆感染分枝杆菌的报道。目前，分枝杆菌病发生在淡水养殖的鱼类有鳢、鲤、银锯眶鲾和非洲胡子鲇等；发生在海水养殖的鱼类有大菱鲆、牙鲆、舌齿鲈、金带篮子鱼、条斑蝴蝶鱼、尖吻重牙鲷、金头鲷、白纹石斑鱼、眼斑拟石首鱼、灰鳍、五条鰤、裸胸鳝等（杜佳垠，2007）。

3. 鱼类易感的分枝杆菌病原

在鱼类分枝杆菌病病原中，海分枝杆菌（*M. marinum*）、龟分枝杆菌（*M. chelonae*）以及偶发分枝杆菌（*M. fortuitum*）是鱼类常见的病原菌（Novotny et al.，2004）。

（1）海分枝杆菌：它是一种腐生性非典型分枝杆菌，1926 年，Aronson 从美国费城水族馆死亡的咸水鱼组织中首次分离到海分枝杆菌。海分枝杆菌广泛存在于海水、淡水、土壤和食物中，为条件致病菌，通过接触感染。海分枝杆菌生长缓慢，在蛋培养基上，30℃条件下培养 7 d 或更长时间，可形成光滑至粗糙的菌落。在暗处生长的菌落无色素；在光照或短时间受光，菌落呈现鲜黄色。生长温度为 25～35℃，在 37℃ 通常不生长，反复接种后可适应 37℃ 而生长。

（2）龟分枝杆菌：它是一种常见的环境腐物寄生菌，广泛存在于水和医院的灰尘中。同时也是一种多形态杆菌，长而细或短而粗，属于快速生长型分枝杆菌。不到 5 d 的幼龄培养物具有很强的耐酸性，之后形成不抗酸类型。在大部分培养基上培养 3～4 d 后，形成的菌落光滑、潮湿、有光泽，菌落不产色或呈现淡黄色。能在 22～40℃生长，在 42℃时不生长。龟分枝杆菌作为鱼类病原菌之一，能够感染多种鱼类，如大西洋鲑（Bruno et al.，1998）、大菱鲆（dos Santos et al.，2002）和多种观赏鱼类（Zanoni et al.，2008），也经常能够引起人的皮肤感染（Fischer et al.，2002）。

（3）偶发分枝杆菌：属于速生型分枝杆菌，该种细菌培养 3～4 d 即可看到清晰的菌落。菌体大小为[（0.2～0.4）μm×1.3 μm]，不运动，45℃不生长。可在 25～37℃生长，许多菌株在 40℃和 22℃生长，但是在 45℃和 17℃时生长受到抑制。早在 20 世纪 50 年代就有从患病霓虹灯鱼（neon tetra fish）中分离出偶发分枝菌的报道（Ross and Brancato，1959）。

（二）分枝杆菌的分离培养与鉴定

1. 分枝杆菌的分离培养

由于分枝杆菌在体外培养对营养需求高，生长周期长。因此，对分枝杆菌的分离培养需选用专用的培养基。常用的培养方法可分为固体培养基和液体培养基两大类。

固体培养：将样品无菌接种到选择性固体培养基中，常用的培养基有罗氏培养基（Lowenstein-Jensen medium）以及含 OADC（oleic acid-albumin-dextrose-catalase）的 Middle brook 7H10 琼脂培养基和青霉素血琼脂液培养基，培养基中含有抗生素，可以抑制杂菌生长。在固体培养基中，可以直接观察菌落形态以便于对病原菌进行鉴别。但缺点是分枝杆菌在固体培养基上生长较为缓慢。

液体培养法培养：如 Middle brook 7H9 等液体培养基。分枝杆菌在液体培养基中生长相对较快，但相比固体培养，液体培养的方法更容易受到污染。

2. 分枝杆菌的鉴定

1）鉴别培养基鉴定

由于某些分枝杆菌的生长需要特定的条件，因此，可以根据分枝杆菌培养特性来鉴定特殊的分枝杆菌种。用于鉴别分枝杆菌的培养基有以下几种：

（1）5% NaCl 培养基斜面：将菌液接种于 5% NaCl 培养基（罗氏培养基）斜面，置于适宜的温度下培养，以不接菌和接种有阳性菌株的罗氏培养基为对照，观察接种细菌的生长情况。通过比较细菌的生长结果，可以判断分枝杆菌的类型。如，在快速生长型分枝杆菌中，龟分枝杆菌为阴性，脓肿分枝杆菌为阳性。

（2）苦味酸培养基：将菌悬液接种到苦味酸培养基斜面培养。有菌落出现的为速生型分枝杆菌，但是龟分枝杆菌龟亚种不生长。谷氨酸钠葡糖糖琼脂培养基：在谷氨酸钠葡糖糖琼脂培养基斜面接种菌悬液，以罗氏培养基作为对照。有菌落生长的为胞内分枝杆菌，鸟分枝杆菌则不生长。

2）染色鉴定

通常使用抗酸染色方法来对分枝杆菌属其他细菌类型进行初检。该方法具有操作简单，成本低、设备要求低等优点。但由于放线菌中的诺卡氏菌属（*Nocardia*）和红球菌属（*Rhodococcus*）的细菌也能抗酸（Gauthier and Rhodes., 2009），因此该方法只能对分枝杆菌作初步判断，需要结合培养法进一步鉴别。

3）分子生物法鉴定

与传统检测方法相比，分子生物学鉴定方法更加快速、特异和灵敏，操作也比较简单。常见的分子生物学鉴定方法有 PCR 检测、荧光定量 PCR、DNA 探针技术、DNA 指纹图和生物芯片等。其中 PCR 技术检测分枝杆菌具有快速、敏感和简便的优点，已经被广泛用于人和动物的血液、痰液、尿液、分泌物、组织等样品中分枝杆菌的检测，并且 PCR 检测阳性率远远高于传统检测法。张翙等（2006）比较了涂片、培养、PCR 和增菌 PCR 等四种检测分枝杆菌的方法，结果显示 PCR 检测对结核分枝杆菌具有较高的灵敏度和特异性。Talaat 等（1997）首次采用 PCR-RFLP 检测 16S rRNA 基因鉴定海分枝杆菌、龟分枝杆菌和偶发分枝杆菌。用于鱼类分枝杆菌并鉴定的目标基因有 16S～23S 的间隔区，*hsp65*（heat shock protein 65 gene），*rpoB*（RNA polymerase IB-subunit gene）和 *erp*（exported repeated protein gene）等（Kaattari et al., 2006），这些基因在不同分枝杆菌种之间具有更大的差异，更有利于分枝杆菌种的鉴定。荧光定量 PCR 技术采用特异荧光探针，不仅具有 PCR 的高灵敏度，还具有高特异性。它可以同时进行 PCR 扩增和产物分析，无须后续的 PCR 处理，避免了污染，保证了结果的可重复性，并且能够对细菌进行定量分析。荧光定量 PCR 技术已经逐渐开始应用于鱼类分枝杆菌病的检测（Zerihun et al., 2011）。由于 DNA 探针技术、DNA 指纹图和生物芯片技术检测成本高、实验设备要求要严格，因此，在鱼类分枝杆菌病的病原菌检测方面尚未广泛应用。

二、鲟分枝杆菌病流行现状

随着鲟养殖技术在全世界的发展和推广，我国鲟养殖业也得到了巨大的发展，已经成为世界第一鲟养殖大国。然而，在鲟的养殖过程中会出现多种病害，其中，细菌性疾病是影响我国鲟大规模养殖的重要原因之一。分枝杆菌病是鱼类常见的一种细菌性疾病，目前已经报道了 160 多种鱼类可感染分枝杆菌。近年来，国内外也有分枝杆菌感染鲟的报道，对鲟的物种保护造成严重威胁，又对鲟养殖产业造成了巨大的损失。

（一）国外鲟分枝杆菌病

Pate 等（2005）在斯洛文尼亚对观赏鱼病原菌调查时发现小体鲟（*A. ruthenus*）可以感染偶发分枝杆菌。从法国出口到意大利的西伯利亚鲟内脏的肉芽肿中以及伊朗用于做鱼子酱的鲟腮部的伤口处均分离到海分枝杆菌（Ghaemi et al., 2006; Manfrin et al., 2009）。Antuofermo 等（2014）在养殖的俄罗斯鲟（*A. gueldenstaedtii*）肿瘤样（tumor-like）的皮肤中首次分离到龟分枝杆菌。

（二）我国鲟分枝杆菌病

近年来，我国人工养殖的鲟也爆发了分枝杆菌病。张德锋等（2014）对患病的中华鲟（*A. sinensis*）、史氏鲟（*A. schrenckii*）和杂交鲟（*A. baeri*♀×*A.*

gueldenstaedtii♂）进行组织切片观察，病原菌的分离、鉴定以及组织样品中病原菌的检测。最终从 19 尾患病鲟中分离到 49 株分枝杆菌。病原菌经过多个保守基因的测序分析和部分生理生化特征的鉴定，共发现有 7 种分枝杆菌，分别为龟分枝杆菌、海分枝杆菌、戈登氏分枝杆菌（*M. gordonae*）、偶发分枝杆菌、苏尔加分枝杆菌（*M. szulgai*）、猪分枝杆菌（*M. porcinum*）和 *M. arpuense*。

2014 年至 2016 年间对北京海洋馆和香港海洋公园 2 个中华鲟保育基地开展了患病中华鲟 NTM 流行病学调查，其中北京海洋馆中华鲟非 NTM 感染检测率达 30%，通过细菌分离培养和鉴定，共分离到 4 种 NTM，即偶然分枝杆菌、胞内分枝杆菌、鸟分枝杆菌、浅黄分枝杆菌。患病中华鲟表现出的典型症状为：肌肉溃烂、有腹水、肾水肿（图 4-10）。数据显示死亡中华鲟属于免疫力水平低下个体。一尾为产后连续发育，另外两尾为低龄子二代个体。在感染个体中，

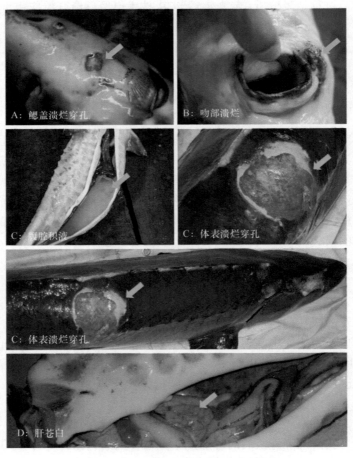

A：鳃盖溃烂穿孔　　B：吻部溃烂
C：腹腔积液　　C：体表溃烂穿孔
C：体表溃烂穿孔
D：肝苍白

图 4-10　人工养殖中华鲟分枝杆菌感染

4#、5#和 6#处于老年、青春期及产后康复阶段，其他感染个体也多处于性腺发育的特殊生理阶段。中华鲟产后雌性个体体质虚弱，免疫力水平低下，在感染后更容易发病（郭柏福等，2011；张晓雁等，2011；表 4-3）。从 7 尾疾病个体的发病诊断，2 尾为 NTM 混合感染后致病。事实上，分枝杆菌引起的复合感染在鱼类中时有报道（Lescenko et al.，2003；Zanoni et al.，2008；Novotny et al.，2010），在鲟中也曾发现过分枝杆菌复合感染的现象（Pate et al.，2005；张德锋，2013）。

表 4-3 分枝杆菌检查结果和感染个体临床特征

编号	样品名称	检测结果	典型症状	发育阶段（年龄）
1#	体表黏液，血浆及鳃、鳔、胆囊液、十二指肠和瓣肠组织	偶然分枝杆菌，浅黄分枝杆菌	腹水	接近性腺快速发育（≥25 龄）
2#	体表黏液，血浆，腹水	浅黄分枝杆菌	腹水	低龄子二代（3 龄）
3#	胆汁及胃、十二指肠、肝、脾、前肾组织	阳性	腹水	低龄子二代（3 龄）
4#	体表肿胀破损处吸出的碎肉组织	阳性	躯体背部多处脓肿，长度约 10～30 cm。游动无力，呼吸频次高于正常的 50%以上。不摄食	老年个体（≥40 龄）
5#	体表、鳃和直肠黏液	阳性	右侧鳃盖上肉质瘤肿包，长度约 5 cm	接近性腺快速发育（15 龄）
6#	体表黏液	阳性	游动无力，泳层高，呼吸频次高于正常的 50%以上。不摄食，体色浅	产后康复个体（17 龄）
7#	尾柄前测骨板附近体表破损表面的血水	阳性	泳层提高。脓肿破损处可见椎骨	性腺快速发育（17 龄）
8#	鳃和直肠黏液	鸟分枝杆菌，胞内分枝杆菌	—	性腺快速发育（16 龄）
9#	体表黏液	阳性	—	高龄亚成体（16 龄）
10#	体表黏液	阳性	尾柄侧面脓肿，向肌内形成深度约 2 cm 瘘管，渗出血水	高龄亚成体（15 龄）
11#	体表和直肠黏液	阳性	—	高龄亚成体（13 龄）
12#	体表黏液	阳性	—	低龄子二代（3 龄）
13#	水样 1（中华鲟驯养池）	阳性		—
14#	水样 2（其他驯养池）	偶然分枝杆菌		—

此外，从香港海洋公园一尾死亡的 3 龄子二代中华鲟腹水中分离到一株缓慢生长型分枝杆菌 MuLiflandii（图 4-11）。MuLiflandii 最早是 Trott 等（2004）在热带爪蟾（*Xenopus tropicalis*）中发现的类似于溃疡分枝杆菌（*M. ulcerans*）的新病原，随后发现这种病原在热带爪蟾的个别品种中能够引起致命性的疾病

（Suykerbuyk et al.，2007；Fremont-Rahl et al.，2011）。Tobias 等（2013）通过全基因组测序将其正式命名为 *M. ulcerans* ecovar Liflandii（MuLiflandii 或拉丁名 *M. liflandii*）。但在之前还没有该病原感染鱼类的报道。首次发现该细菌出现在我国，并对鲟有强致病性，因此应该引起公共卫生关注。

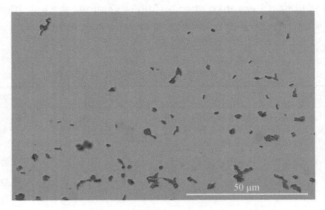

图 4-11　MuLiflandii ASM001 菌株（抗酸染色）

三、鲟分枝杆菌致病机制

（一）MuLiflandii 菌株感染鲟的致病机制

患病初期，鱼体未有明显的症状；患病后期，停止进食、游动缓慢、腹水、鳃盖或体表等部位溃烂穿孔。经镜检，患病个体鳃、体表、鳍均未见寄生虫，鳃外观淡红色。解剖检查，病鱼体腹腔充满乳白色腹水，腹膜存在肉芽肿、肾水肿、肝呈灰白色、心包积液、有些个体胸腔积液和胸腔肉芽肿等（图 4-12）。体表肌肉病灶组

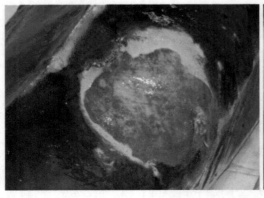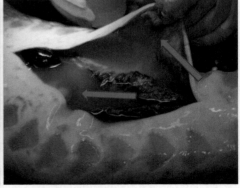

图 4-12　分枝杆菌感染中华鲟症状

织病理切片抗酸染色后，在肌纤维中可见大量染成红色的抗酸杆菌（图 4-13）。抽取病鱼腹水细菌分离培养发现，在 Löwenstein-Jensen medium 和 Middlebrook 7H10 琼脂上，25℃培养 4 周后分别长出肉眼可见菌落，属于和缓慢生长型分枝杆菌（SGM）。该病原菌表现出分枝杆菌属的细菌生理生化特征：需氧、不运动、生长缓慢、有黏性、Ziehl-Neelsen 染色阳性、在有光的条件下产生色素等（图 4-12）。16S rDNA 和 IS2404 测序结果显示，该细菌属于 NTM，并与 MuLiflandii 遗传距离最近。MuLiflandii 最早是 Trott 等（2004）在热带爪蟾中发现的一种新的病原，在热带爪蟾的个别品系中广泛流行。该研究是首次在鱼类中发现该种细菌的感染（Zhang et al.，2018）。

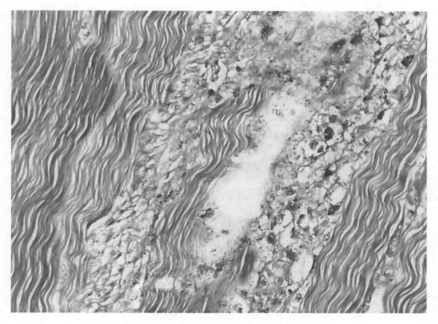

图 4-13　肌肉组织的抗酸染色病理切片（40×）

（二）基因组测序

进一步对 MuLiflandii 进行全基因组测序（图 4-14）。测序过滤后的总数据量为 1 155 638 103 bp，深度为 181.91X 左右，平均长度为 13 266 bp，Subread 平均长度 6892 bp，最长的 Read 达到 43 267 bp，过滤后质量均达到质控指标，说明建库以及测序成功。最终得到高质量的长 Read 63 730 701 bp，平均长度为 6341 bp（表 4-4）。

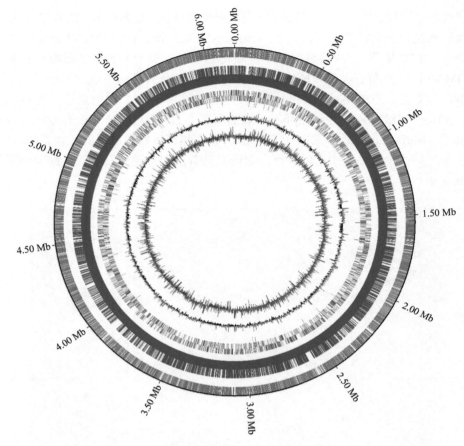

图 4-14 MuLiflandii 全基因组

表 4-4 测序数据统计表

项目	结果
测序深度	181.91X
总碱基数	1 155 638 103
Read 数目	87 109
最长 Read	43 267
Read 平均长度	13 266
重叠群数目	1

分离菌株的全基因组是由全长 6 167 296 bp 的环状染色体组成，G+C 含量为 65.57%。其完整的基因组包含有 4518 个编码基因（coding DNA sequence，CDS）、999 个假基因、3 个 rRNA 操纵子和 47 个转移 RNA（tRNA）（表 4-5）。整个基因组共有 245 个 IS2404 序列、34 个简单重复序列（simple sequence repeat，SSR）

和 36 个 CRISPR 序列。分离菌株的全基因组序列提交至 GenBank 数据库，序列号为 CP023138。

表 4-5　基因组基本特征

项目	结果
基因组大小	6 167 296
G+C 含量（%）	65.57
蛋白编码区数量	4 581
蛋白编码区占基因组比例（%）	81.89
转运 RNA 数量	47

基因功能注释分析发现有 2995 个 unigene 被注释到 KEGG 数据库 31 个不同的功能通路中（图 4-15），其中注释到的 unigene 最多的是氨基酸代谢（528），其次是碳水化合物代谢（485）和外源物质降解和代谢（368）。值得注意的其中注释到与疾病感染的基因有 27 个。

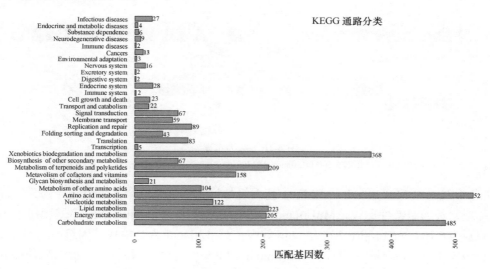

图 4-15　MuLiflandii ASM001 基因 KEGG 功能分类

分枝杆菌基因组比较图谱显示，MuLiflandii ASM001 基因组与 MuLiflandii 128FXT 基因组具有高度的同源性。ProgressiveMauve 计算结果得出 4 株菌基因组之间的保守性距离（表 4-6，图 4-16），相同颜色色块代表每个序列跨基因组连接的共线匹配区域组，倒置的区域移动到基因组的中心轴线以下。结果显示，MuLiflandii ASM001 与 MuLiflandii 128FXT 基因组之间的保守性距离最近，距离值只有 0.075；与海分枝杆菌（*M. marinum*）之间的距离最远，距离值为 0.144

表 4-6　非结核分枝杆菌属 4 个完全组装基因组特征比较

特性	MuLiflandii ASM001	MuLiflandii 128FXT	*M. ulcerans* Agy99	*M. marinum* M
基因组大小（bp）	6 167 296	6 208 955	5 631 606	6 636 827
G+C 含量（%）	65.57	65.62	65.47	65.73
总基因数目	5 517	5 579	5 187	5 616
编码基因数目	4 518	4 811	4 056	5 481
假基因数目	999	768	1 131	135
IS2404 拷贝数目	245	239	213	—
IS2606 拷贝数目	0	1	91	—
GenBank 登录号	CP023138	CP003899	CP000325	CP000854

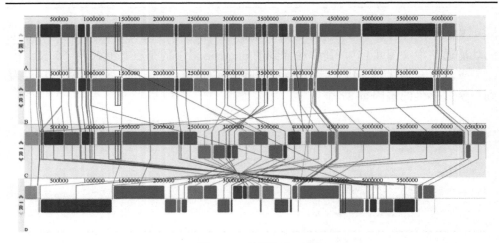

图 4-16　基因组比对

A. MuLiflandii 128FXT；B. MuLiflandii ASM001；C. *M. ulcerans* Agy99；D. *M. marinum* M

（表 4-7）。对 MuLiflandii ASM001 基因组与另 3 株已完成全基因组测序的分枝杆菌进行基因组特性比较，MuLiflandii ASM001 和 MuLiflandii 128FXT 基因组大小分别为 6 167 296 bp 和 6 208 955 bp。其中在 MuLiflandii ASM001 基因组中约 18.1%（999/5517）为假基因；而在 MuLiflandii 128FXT、溃疡分枝杆菌（*M. ulcerans*）Agy99 和海分枝杆菌（*M. marinum*）基因组中假基因占比分别为 13.8%（768/5579）、21.8%（1131/5187）和 2.4%（135/5616）。Blastp 比对分析发现在 MuLiflandii ASM001 基因组中共有 203 个毒力基因。这些毒力基因被注释到以下几个分类中：氨基酸和嘌呤代谢（6），厌氧呼吸（1），抗凋亡因子（3），胆固醇分解代谢（47），细胞表面成分（9），脂质和脂肪酸代谢（30），哺乳动物细胞进入（mammalian cell entry，*mce*）操纵子（2），金属输出（17），金属摄取（2），吞噬体拦截（2），蛋白酶和分泌蛋白（7），分泌系统（50）和应激适应（5）。与 MuLiflandii 128FX 相比较，MuLiflandii ASM001 的特异性区域位于两个 ISAs1 家族转座酶之间，大小为 11.8 kb，该区域包括两个单氧酶拷贝（CKW46_03435 和 CKW46_03440）、酒精脱氢酶基因（CKW46_03445），编码 PE/PPE 家族蛋白基因（CKW46_03450）；短链脱氢酶基因（CKW46_03455）、SAM 依赖性转移酶（CKW46_03460）、烯酰水合酶基因（CKW46_03465）、假想蛋白（CKW46_03470）。另一方面，在 MuLiflandii 128FXT 基因组中观察到两个大的特异性区域为第一个是 9.8 kb，从 382 736 到 392 522；第二个是 28.8 kb，从 3 872 489 到 3 901 256（Tobias et al.，2013；Zhang et al.，2018）。

表 4-7　非结核分枝杆菌属 4 个完全组装基因组遗传距离

	MuLiflandii 128FXT	MuLiflandii ASM001	*M. marinum* M	*M. ulcerans* Agy99
MuLiflandii 128FXT	—	0.075	0.126	0.111
MuLiflandii ASM001	0.075	—	0.144	0.123
M. marinum M	0.126	0.144	—	0.138
M. ulcerans Agy99	0.111	0.123	0.138	—

MuLiflandii 最初是从受感染的热带非洲爪蟾中分离到的（Trott et al.，2004）。张书环等首次发现 MuLiflandii 感染鱼类（张书环等，2017；Zhang et al.，2018），然而到目前为止，我们仍不清楚感染源与感染途径。MuLiflandii 128FXT 也未曾被报道过出现在中国。因此，对于该病原菌需要更多的监测研究来评估它的致病潜力，以避免感染其他易感的鱼类和哺乳动物。此外，鉴于 ASM001 与 128FXT 地理分布完全不同，本研究并没有建立用以区分两者之间的检测方法。通过全基因组测序确认了中华鲟 MuLiflandii 相关非结核分枝杆菌感染，分离菌株全基因组序列的获得不仅丰富了分枝杆菌属生态多样性，检测到的候选毒力因子为进一步研究其分子水平的致病机制提供了新的资源，也为鲟分枝杆菌病致病机制研究提供了参考。特别是报道的全基因组序列为 MuLiflandii 基因组信息及时地提供了参考基因组数据集，为深入了解非结核分枝杆菌属的生态和功能多样性提供了基础。

（三）血液理化指标

将 10 尾健康子二代中华鲟 3 次血液参数与 4 尾分枝杆菌感染子二代中华鲟 12 次血液参数比较分析，发现在 26 项生理生化指标中有 7 项指标差异极显著（$P \leq 0.01$），包括中性粒细胞、淋巴细胞、钠、氯、钙、总蛋白、球蛋白；2 项指标差异显著（$P < 0.05$），即白细胞总数（TWBC）和谷丙转氨酶（ALT）（表 4-8）。其中分枝杆菌感染后显著升高的指标是 TWBC、中性粒细胞和 ALT，平均值分别升高 1.7 倍、2.5 倍和 2.5 倍；与健康子二代中华鲟血液理化指标比较分枝杆菌感染后显著降低的指标有淋巴细胞、钠、氯、钙、总蛋白和球蛋白，平均值分别降低至原来的 70%、80%、80%、90%、70% 和 70%。在差异显著的 9 项指标中，

表4-8 中华鲟子二代健康鱼和分枝杆菌感染鱼生理生化指标比较（n=13；x̄±SD）

指标	健康鱼（3龄，n=10）			分枝杆菌感染鱼（3龄，n=3）			P
	20 140 516	20 141 007	20 150 703	894	068	004	
红血球/（10^{12}/L）	0.37±0.06	0.47±0.12	0.39±0.09	0.23±0.05	0.36±0.14	0.45±0.05	0.15
血红蛋白/（g/L）	48.60±2.41	41.21±3.10	21.30±3.52	22.83±2.44	38.68±2.43	40.91±4.3	0.18
红细胞压缩体积%	25.07±3.12	21.30±5.43	14.38±3.35	13.00±1.80	20.00±0.00	23.33±5.69	0.11
红细胞平均容量/（μm^3）	682.50±83.80	458.47±62.65	373.50±57.30	578.00±56.04	602.00±236.17	518.40±86.79	0.37
红细胞平均血红蛋白浓度/（g/L）	134.63±28.25	88.51±16.99	54.73±21.95	100.33±15.18	119.85±64.98	90.23±17.84	0.10
外周血白细胞总数/（个/μl）	15 987.50±3 834.89	31 053.00±5 193.42	36 808.75±4 542.39	82 906.67±41 294.67	42 930.00±7 269.06	29 223.3±3 924.06	0.02*
中性粒细胞%	13.83±7.63	20.00±15.58	15.75±9.74	90.33±6.03	35.50±3.54	15.00±1.00	0.00**
淋巴细胞%	66.50±24.79	70.60±15.29	76.50±7.85	6.33±4.51	59.00±0.00	80.00±3.00	0.01**
单核细胞%	4.83±5.98	3.20±1.60	2.50±2.52	3.00±1.00	5.50±3.54	2.33±0.58	0.22
嗜酸性粒细胞%	9.83±7.33	6.20±4.58	5.25±2.63	0.33±0.58	0.00±0.00	2.67±2.08	0.28
钠/（mmol/L）	135.33±3.08	141.60±1.02	150.00±3.16	127.33±2.89	133.50±3.54	135.67±7.51	0.01**
钾/（mmol/L）	3.25±0.36	3.27±0.12	3.17±0.20	3.09±0.43	4.79±1.88	3.17±0.61	0.10
氯/（mmol/L）	115.17±5.34	119.60±1.62	125.50±2.89	112.67±2.08	113.50±6.36	116.00±7.00	0.01**
钙/（mmol/L）	1.81±0.15	1.86±0.03	1.99±0.08	1.61±0.09	1.91±0.03	1.78±0.06	0.00**
磷/（mmol/L）	2.36±0.19	2.71±0.15	2.99±0.32	2.52±0.24	2.51±0.16	2.42±0.15	0.19
总蛋白/（g/L）	19.98±4.55	29.08±2.00	24.20±1.09	6.53±2.84	26.60±0.42	23.30±6.32	0.01**
白蛋白/（g/L）	6.60±1.84	12.95±1.11	8.37±0.69	1.57±0.90	10.10±0.99	9.67±3.88	0.19
球蛋白/（g/L）	13.38±3.07	16.13±1.52	15.83±0.95	4.97±1.94	16.50±0.57	13.63±2.48	0.00**
白球比 A/G	0.50±0.11	0.81±0.11	0.53±0.06	0.30±0.08	0.61±0.08	0.69±0.18	0.06
葡萄糖/（mmol/L）	1.52±0.93	2.58±0.07	1.88±0.57	0.35±0.35	1.40±0	1.57±0.61	0.27
尿素/（mmol/L）	0.57±0.15	0.66±0.17	1.38±0.36	0.83±0.12	0.50±0.14	0.83±0.12	0.13
肌酸酐/（μmol/L）	16.55±13.51	1.83±1.13	3.73±3.51	6.43±8.38	0.10±0	3.50±0	0.21
谷草转氨酶/（U/L）	245.83±105.72	210.80±41.00	113.75±25.51	142.00±44.24	550.00±104.65	183.33±28.22	0.38
谷丙转氨酶/（U/L）	56.67±26.64	56.20±7.52	21.25±3.50	79.00±29.72	163.50±28.99	42.67±10.69	0.03*
肌酸激酶/（μmol/L）	4 957.67±4 503.16	4 685.40±4 050.18	2 406.75±860.27	528.33±705.64	3 851.00±1 057.83	3 474.67±2 952.22	0.08
尿酸/（g/dl）	7.18±5.26	13.96±2.96	17.50±3.19	2.95±1.91	2.15±2.76	8.27±4.10	0.07

注：表示子二代中华鲟健康鱼和分枝杆菌感染鱼在该项血液指标中 t 检验差异显著（P≤0.05）；*表示差异显著（P<0.05）；**表示差异极显著（P≤0.01）

TWBC、淋巴细胞、中性粒细胞、总蛋白、球蛋白和 ALT 存在较大的个体差异，无论在健康子二代中华鲟还是分枝杆菌感染中华鲟中均存在较大的波动，而 3 项电解质指标钠、氯、钙波动幅度较小。其余 17 项指标虽有一定的波动，但是差异不显著（张书环等，2017）。

（四）对杂交鲟的致病性

通过感染实验对杂交鲟进行致病性研究。分离菌株在 7H10 + OADC 培养基上 30℃培养 4 周，无菌磷酸缓冲盐溶液（phosphate buffer saline，PBS）悬浮，离心（4000 r/min，5 min）收集菌体，无菌 PBS 重悬。测定其 OD_{600} 值，调整菌液浓度至 $1×10^5$ CFU/ml（OD_{600} = 0.2 / $2×10^4$ CFU/ml）。实验鱼由中国水产科学研究院长江水产研究所荆州太湖中华鲟繁育基地提供。选取 20 尾规格一致、健康状况良好的杂交鲟（*A. baerii*♀×*A. schrenckii*♂）随机分成两组养殖在水体 60 L 的水箱里，初始体重（19.82 ± 0.6）g，水温（24.3 ± 0.2）℃，增氧泵供氧 7.56～7.68 mg/L。实验组杂交鲟腹腔注射 100 μl 菌液（$1×10^4$ CFU/尾），对照组杂交鲟每尾注射 100 μl 无菌 PBS。每天更换 50% 水体，定时投喂三次（8：00、15：00、21：00），定期清污。连续 50 d 观察记录两组杂交鲟的游泳、摄食能力以及体表症状，记录两组杂交鲟的死亡个数，实验结束后，计算两组的累计死亡率。采集实验组死亡杂交鲟组织进行组织学检测和病原菌的分离培养（Zhang et al.，2018）。

感染实验结果显示，在感染实验持续的 50 d 里，实验组的杂交鲟有 5 尾出现死亡，其余 5 尾表现出游泳缓慢，当注射剂量为 $1×10^4$ CFU/尾时对杂交鲟的致死率为 50%；而对照组的杂交鲟游泳、摄食能力表现正常。在感染的第 42 天，实验组杂交鲟开始出现死亡现象，Kaplan-Meier 存活曲线展示了实验组感染分枝杆菌杂交鲟的死亡动态（图 4-17）。死亡杂交鲟的主要病症为：有腹水、肛门出血，解剖后肝灰白或呈现糜烂状。组织病理学检测发现，在肝中有大量的抗酸杆菌（图 4-18）。从死亡的杂交鲟肝、脾中均分离到感染菌株。致病性研

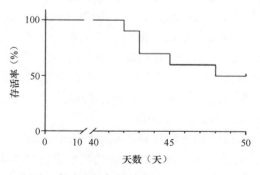

图 4-17　感染分枝杆菌杂交鲟 Kaplan-Meier 存活曲线

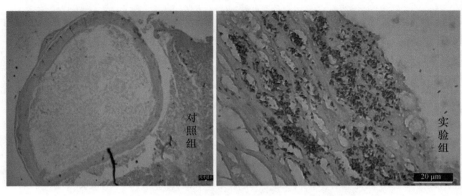

图 4-18　杂交鲟感染 MuLiflandii 肝的病理切片（抗酸染色）

究结果显示，当注射剂量为 $1×10^4$ CFU/尾时，对杂交鲟的致死率达到 50%，说明 MuLiflandii ASM001 可对鲟造成长期感染（Huang et al.，2019）。

（五）鲟感染非结核分枝杆菌后对肠道微生物的影响

宿主疾病的发生往往伴随着肠道微生物菌群的失调，反之亦然（Xiong et al.，2015；Dai et al.，2017）。细菌在鱼类发育早期进入肠道并开始定植，最先定植的细菌通过调节上皮细胞基因的表达为自身创造一个良好的定植环境，并与宿主的肠道环境相适应，以阻止其他细菌随后侵入到这个生态系统（Balcázar et al.，2006）。借助于下一代测序（next-generation sequencing，NGS），研究发现在鱼类肠道中的定植细菌主要包括变形菌门（Proteobacteria）、梭杆菌门（Fusobacteria）、厚壁菌门（Firmicutes）、拟杆菌门（Bacteroidetes）和放线菌门（Actinobacteria）（Ringø et al.，2006；Desai et al.，2012；Carda-Dieguez et al.，2014）。这些微生物包含了非致病性细菌、致病性细菌和共生细菌，它们共同作用影响着宿主的健康。它们参与调节肠道上皮细胞增殖，促进免疫系统发育，在肠道免疫系统的发育和成熟中起着至关重要的作用。鱼类肠道微生物受到内源和外源因素的影响，如宿主（遗传、年龄、免疫力）（Navarrete et al.，2012；Li et al.，2015；Li et al.，2016；Stephens et al.，2016）、环境（水温、摄食、抗生素）（Sullam et al.，2012；Ringø et al.，2016；Dehler et al.，2017）。在健康的鱼体内，存在定植细菌和一些暂时性停留的细菌，这些内源微生物与宿主控制之间保持着适当的平衡。然而，一旦有一些因素引起这种平衡稳态被打破，几种瞬态的病原微生物就有可能导致宿主致命性的感染（Sekirov and Finlay，2010）。

长江鲟（*A. dabryanus*）属于鲟形目（Acipenseriformes）鲟科（Acipenseridae）鲟属（*Acipenser*），又名沙腊子，是我国特有的淡水定居性鱼类，主要分布于金沙江下游及长江上游，具有较高的经济价值和科研价值（丁瑞华，1994）。它是与中华鲟亲缘关系最近的鲟种。以长江鲟为实验对象探讨了分枝杆菌感染后对机体肠道微生物菌群产生的影响，为鲟分枝杆菌病的治疗，特别是针对中华鲟等种群数量极其稀少的濒危鱼类提供了有效的防控策略。

将选取的 60 尾子二代长江鲟随机分成两组，每组 30 尾，分别记录标记为实验组和对照组，采用腹腔注射 MuLiflandii ASM001 菌液感染实验组长江鲟，每尾注射 100 μl（$2×10^4$ CFU/尾）；对照组的长江鲟腹腔注射 100 μl 的无菌 PBS 溶液作为对照。实验用鱼养殖在直径 3 m、水深 0.5 m 的圆形水池里，水温（$20±1$）℃，溶氧 7.79～7.89 mg/L，每天定时投喂三次（8：00、17：00、23：00），并记录投喂量，投喂完 1 h 后清污，收集水池里的残留饲料，静水养殖 2 个月，隔天更换 50% 水体，连续 60 d 观察记录两组长江鲟的游泳、摄食能力。腹腔注射感染 MuLiflandii ASM00 160 d 后，两个组分别随机挑选 12 尾长江鲟，测量体长、体重，在超净工作台上无菌操作采集肠道微生物样本，随机混匀 3 尾鱼的肠道微生物样本，分装到无菌的离心管，实验组的样本标记记录为 M 组，对照组的样本标记记录为 C 组，样本放置-80℃冰箱保存备用。

16S rRNA 基因测序结果显示，健康的长江鲟和感染分枝杆菌的长江鲟肠道微生物群落组成和多样性上存在显著性差异。聚类分析和主成分分析结果都可以将两者区分开，显示它们属于不同的类群。与 C 组相比，在门水平上，M 组肠道微生物群落中变形菌门（Proteobacteria）细菌丰度显著增加，梭杆菌门（Fusobacteria）细菌丰度显著降低；属水平上，气单胞菌属（*Aeromonas*）、厌氧棍状菌属（*Anaerotruncus*）细菌是 M 组样本菌群组成中的优势菌群，而在 C 组样本中鲸杆菌属（*Cetobacterium*）细菌丰度显著增加。两组样本 α 多样性比较分析显示，M 组样本的 Chao1 和 Ace 指数显著高于 C 组样本，感染分枝杆菌的长江鲟肠道微生物菌群多样性明显高于健康的长江鲟。

相比较健康的长江鲟，在感染分枝杆菌的肠道微生物样本中，变形菌门细菌丰度在显著增加，变形菌门在肠道微生物群落中的四大优势门类（厚壁菌门、拟杆菌门、变形菌门、放线菌门）中是最不稳定的（Faith et al.，2013），且在变形菌门中包含有多种病原菌，如大肠杆菌（*Escherichia coli*）、沙门氏菌属（*Salmonella*）、弧菌属（*Vibrio*）、幽门螺杆菌属（*Helicobacter*）和军团菌目（Legionellales）等（Madigan et al.，2005）。大量的研究显示变形菌门在肠道内的暴发能够反映肠道微生物群落结构的不平衡或不稳定。

同时，变形菌门不受控制的扩增会进一步促进外源性病原菌的侵袭引发炎症（Shin et al.，2015）。在鱼类的肠道里聚集了各种微生物群体，包括共生菌、致病菌、非致病菌并维持其体内平衡以防止宿主疾病的爆发，而一旦这种平衡被打破，一些暂时性停留的病原菌就会在宿主体内引发致命性的感染。感染分枝杆菌的长江鲟肠道微生物群落中变形菌门细菌丰度显著增加，说明了分枝杆菌的感染可能引起了长江鲟肠道菌群的失调，并且导致宿主更容易受到病原菌的侵袭。同时，在 M 组肠道微生物样本中丰度显著增加的气单胞菌几十年以来一直被认为是鱼类的致病菌，鲸杆菌属（*Cetobacterium*）丰度显著低于 C 组样本，胡俊（2017）验证了鲸杆菌属（*Cetobacterium*）在斑马鱼中能够形成更强的生物屏障，对宿主的免疫调控上具有重要的作用，它是鱼类健康评价标准中一个不可忽视的因素。两组肠道微生物样本在物种组成上的差异表明了长江鲟幼鱼在感染分枝杆菌后，可能增加了对其他病原菌的易感性，进而影响到肠道的免疫功能。虽然还并不能完全确定这与分枝杆菌感染有关，但这提示了益生菌的使用在分枝杆菌感染中对于缓解维持肠道微生物稳态是一种可取的防控措施。分枝杆菌可以躲藏在宿主巨噬细胞内以避免化学药物的作用，给分枝杆菌病的治疗带来了很大的困难。肠道微生物对于宿主的免疫调节具有重要的作用，肠道中含有多种细菌这些细菌具有抑制病原体的能力（Sugita et al.，1998；Robertson et al.，2000），因此保持肠道微生物菌群的稳态对于宿主的健康具有重要的意义。

本实验的研究结果表明，感染分枝杆菌的长江鲟肠道微生物菌群组成与丰度发生了变化。对养殖鲟从摄食、水质等环境方面进行长期监测管理，益生菌的使用对于保持肠道微生物菌群结构的稳态可能是预防和抵抗分枝杆菌病一种可行性的策略。

四、分枝杆菌疫苗的研究进展

分枝杆菌是一种古老的疾病，随着耐药菌株的出现，现有的药物治疗极难控制本病，因此疫苗的研究对控制鱼类的分枝杆菌病具有极为重要的意义。然而鱼类分枝杆菌疫苗的研究较为缓慢，截至目前还没有商品化疫苗，仅报道有少数相关的研究。

（一）BCG 疫苗

卡介苗（Mycobacterium bovis bacillus Calmette-Guérin，BCG）是由巴斯德研究所的 Albert Calmette 和 Camill Guérin 从牛分枝杆菌中获得的减毒活疫苗，是世界上唯一获得认可的结核疫苗（Ho et al.，2010）。1908 年，他们从患有乳腺炎的母牛上分离出牛型结核分枝杆菌（*Mycobacterium bovis*），经 13 年传代培养 230 代，得了在动物体内的减毒菌株——BCG（Hawgood，1999）。自 1921 年以来，BCG 已用于人类，它具有安全、廉价、易于获得等优点。接种 BCG 可显著降低儿童原发型肺结核、粟粒型肺结核和结核性脑膜炎的发病率和死亡率（Kaufmann et al.，2010）。同时 BCG 也可以帮助人类抵抗由麻风分枝杆菌（*M. leprae*）引起的麻风病以及溃疡分枝杆菌（*M. ulcerans*）引起的布路里湿病（Portaels et al.，2002，

2004；Nackers et al.，2006）。

近年来 BCG 疫苗也被用于鱼类抗分枝杆菌疫苗的研究中，日本学者 Kato 等（2010）采用 BCG 弱毒苗和一种分枝杆菌（*Mycobacterium* sp.）的灭活苗同时免疫牙鲆（*Paralichthys olivaceus*），结果显示，BCG 弱毒苗能诱导更高水平的细胞因子如 IL-1β、IL-6、IFN-γ 和 TNFα 的表达；攻毒实验结果显示，BCG 免疫组能有效地抵抗分枝杆菌的感染；进一步的转录组分析显示，BCG 不仅能诱导鱼体产生获得性免疫反应来抵抗分枝杆菌抗原，而且能促进非特异的抗菌蛋白，如溶菌酶的表达。这些研究结果显示了 BCG 能诱导机体抗分枝杆菌感染，是一种有效的抗鱼类结核病的候选疫苗。Kato 等（2011）将 BCG 疫苗免疫杜氏鰤（*Seriola dumerili*）用于研究其抗分枝杆菌的感染的能力和机制。研究结果支持在牙鲆上获得的结果，即 BCG 是一种有效的预防琥珀鱼抗分枝杆菌感染的疫苗。该作者的团队在 2012 年继续深入研究 BCG 疫苗在牙鲆抵抗诺卡氏菌（*Nocardia seriolae*）中的作用及其机制（Kato et al.，2012）。研究显示 BCG 疫苗能有效预防牙鲆感染诺卡氏菌，其免疫机制是通过诱导非特异性免疫反应抗细菌感染。

（二）DNA 疫苗

DNA 疫苗，又称核酸疫苗，是指将含有编码某种抗原基因的真核表达质粒 DNA 接种到体内，宿主细胞在将其摄取后，通过转录、翻译，表达出相应的抗原，抗原刺激激活机体的免疫系统，使机体获得免疫保护。与人结核分枝杆菌（*M. tuberculosis*）疫苗的研究相比，鱼类分枝杆菌疫苗的研究较少，关于鱼类分枝杆菌 DNA 疫苗研究仅有非常少的文献报道。Pasnik 和 Smith（2005）利用由海分枝杆菌 Ag85A 基因所制备的 DNA 疫苗，以条纹金眼狼鲈[条纹狼鲈（*Morone saxatilis*）♀×金眼狼鲈（*Morone chrysops*）♂]为对象，在接种后 90 d 实施海分枝杆菌活菌攻毒实验，免疫条纹金眼狼鲈成活率高于未免疫组，在高剂量肌肉注射疫苗情况下，体液免疫应答和保护效果明显提高。尽管在这项研究中没有评价疫苗的长期保护效果，但该研究为分枝杆菌疫苗的发展奠定了一定的基础。

（三）灭活疫苗

灭活疫苗一般是由物理或化学方法杀死病原菌（或病原体的某些成分）制备而成。灭活疫苗免疫诱导的应答反应以体液免疫为主，能够产生中和、清除病原和毒素的抗体。灭活疫苗不具备繁殖力，其优点是安全性高，制备简单。缺点是免疫剂量大，免疫持久性差和免疫保护效果有限。常采用福尔马林、苯酚、氯仿试剂等化学方法和加热、紫外线照射、超声波破碎等物理方法灭活病原菌制备灭活疫苗。目前，已经有针对鳗弧菌、杀鲑弧菌、红色耶尔氏菌、杀鲑气单胞菌和草鱼出血病的灭活疫苗。但是，针对分枝杆菌目前还没有商品化可用的灭活疫苗。

　　Huang 等（2019）为了预防和控制鲟 MuLiflandii 的感染，采用福尔马林灭活 MuLiflandii ASM001 后，免疫长江鲟 45 d 后，进行感染实验检验疫苗的保护效果，同时设定 PBS 空白对照和 BCG 疫苗对照。结果显示，在腹腔注射感染 MuLiflandii ASM001 的第 51 天，PBS 组的长江鲟开始出现死亡现象，攻毒实验持续 120 d 后，FKC 组（MuLiflandii ASM001 灭活组）和 BCG 组的长江鲟累积死亡率分别为 3.9% 和 7.8%，PBS 组长江鲟累积死亡率为 9.8%。FKC 组的相对免疫保护率达到 60.2%，BCG 组的相对免疫保护率达到 19.3%（表 4-9）。Kaplan-meier 存活曲线显示了三组长江鲟在攻毒实验期间死亡动态（图 4-19）。

表 4-9　腹腔注射 MuLiflandii ASM001 120 d 后长江鲟的累计死亡率（%）和相对免疫保护率

组别	死亡率（死亡数目/总数目）	相对免疫保护率	时序检验
PBS	8.3%（5/60）	—	
FKC	3.3%（2/60）	60.2	0.237
BCG	6.7%（4/60）	19.3	0.717

　　相对免疫保护率（relative percent survival，RPS）= [1−（免疫组死亡率/对照组死亡率）]×100%；FKC 组（MuLiflandii ASM001 灭活组）；PBS 组是注射 PBS 对照；BCG 组是注射 BCG 卡介苗

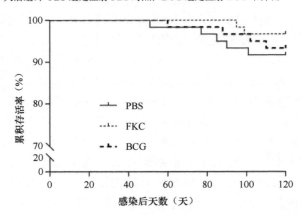

图 4-19　Kaplan-Meier 存活曲线
PBS. 注射 PBS 的长江鲟；FKC. 注射分枝杆菌灭活疫苗的长江鲟；BCG. 注射 BCG 疫苗的长江鲟

　　腹腔注射感染 MuLiflandii ASM001 后，PBS 组死亡的长江鲟病症主要表现为：背部脓肿甚至肌肉穿孔，腹鳍基部肌肉红肿解剖后发现有肾水肿的现象（图 4-20）。采集背部肌肉和中肾组织抗酸染色结果（图 4-21）显示，PBS 组死亡的长江鲟肌肉组织和中肾组织切片中可见红色杆状细菌，抗酸染色呈阳性；FKC 组和 BCG 组长江鲟的肌肉和中肾组织切片中为发现红色杆状细菌，抗酸染色呈阴性。

图 4-20 死亡长江鲟的体表
A. 背部肌肉：血脓疡；B. 腹鳍：腹鳍基部周围发红（箭头）

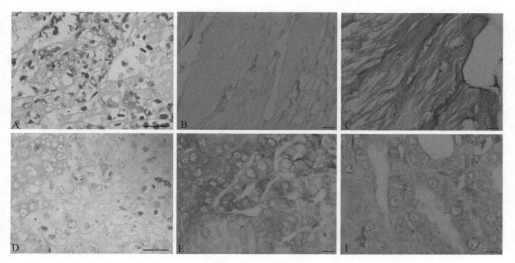

图 4-21 死亡长江鲟组织 ZN 染色（100×）
A. PBS 组长江鲟脓肿的肌肉组织；B. FKC 组长江鲟肌肉组织；C. BCG 组的长江鲟肌肉组织；D. PBS 组水肿中肾组织，中肾含抗酸杆菌；E. FKC 组的长江鲟中肾组织；F. BCG 组长江鲟中肾组织

　　为了研究灭活疫苗的作用机制，将疫苗实验组和对照组长江鲟的头肾进行转录组测序。组装后的结果与直系同源基因数据库（clusters of orthologous groups，COG）比对结果显示，在 77 800 个单基因中，有 6139 个单基因能够在 COG 数据库找到相应的注释信息，根据其功能分类可以将这些单基因分为 25 类（图 4-22）。

　　组装后的结果与京都基因与基因组百科全书（Kyoto Encyclopedia of Genes and Genomes，KEGG）比对结果显示，在 77 800 个单基因中，有 23 228 个单基因参与了 33 个 KEGG 代谢通路（图 4-23）。

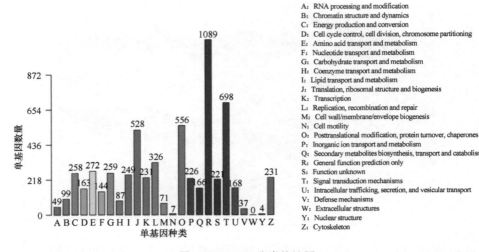

图 4-22   COG 分类统计图

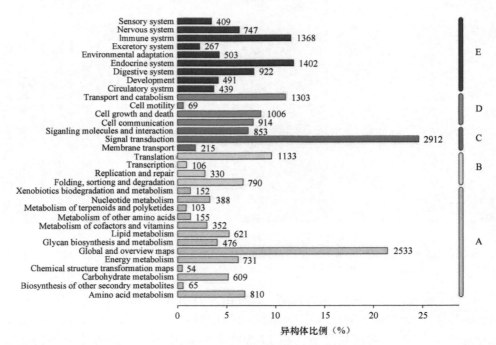

图 4-23   KEGG 代谢通路分类图

A. 代谢；B. 遗传信息处理；C. 环境信息处理；D. 细胞过程；E. 生物系统

差异基因可视化分析结果显示，在以 PBS 作为对照的两两比较中，FKC/PBS 两两比较共发现有 1798 个差异表达基因（differentially expressed gene，DEG）其中有 1032 个上调基因，766 个下调基因；BCG/PBS 两两比较中共发现 68 个差异表达基因，其中有 48 个上调基因，20 个下调基因。如图 4-23 所示，两个疫苗组相对 PBS 组基因的表达差异性显示，在 FKC/PBS 比较中的差异表达基因多于 BCG 组和 PBS 组之间的差异表达基因。将三组之间筛选到的 26 个与免疫疾病相关的差异表达基因进行模式聚类分析（图 4-24），以 PBS 组为对照，这些基因在 FKC 组中均上调表达，而在 BCG 组中均无差异表达。

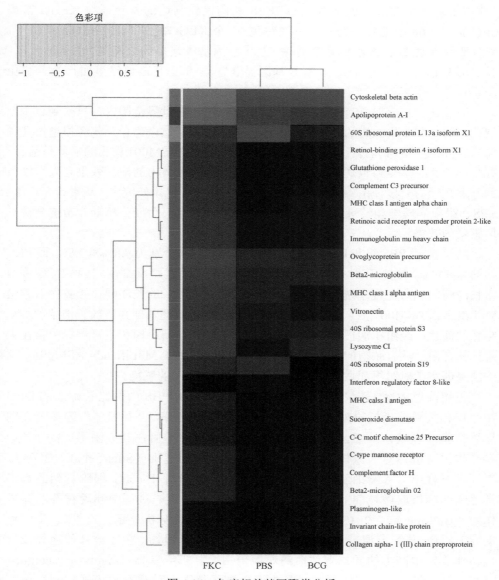

图 4-24　免疫相关基因聚类分析

每列代表不同的处理组，每行代表一个基因。不同的颜色代表差异表达，红色上调，绿色下调

差异基因 KEGG 通路富集分析结果：FKC/PBS 两两比较筛选的差异表达基因 KEGG 富集分析显示，1032 个差异基因，可以注释到 217 个 KEGG 通路，在 $P<0.05$ 条件下，差异表达基因显著富集到 27 个通路。其中差异基因富集最多的通路是"核糖体"，其次是"氧化磷酸化"，紧接着是"抗原加工递呈"，此外在这些差异基因显著富集的通路里包含有一些和免疫系统相关的通路，如"补体系统及凝血级联通路"。BCG/PBS 两两比较筛选的差异基因 KEGG 富集分析显示，68 个差异基因，可以注释到 53 个 KEGG 通路，在 $P<0.05$ 条件下，差异表达基因显著富集到 6 个通路。差异基因富集最多的通路是"色氨酸代谢"和"p53 信号通路"。在这些差异基因显著富集的 KGEE 通路里面，没有和免疫系统相关的通路。

鲟被认为对疾病具有很强的抵抗力，据报道，在世界范围内，只受到有少数细菌、病毒和寄生虫病的影响（Bauer et al.，2002）。迄今为止，已经报道过几种鲟感染分枝杆菌，我们首次报道了新菌株 MuLiflandii ASM001 作为鲟病原体流行，并验证了其在杂交鲟致病性。然而，由于化学药物在体内的治疗效果有限，疫苗的开发在预防分枝杆菌感染方面表现出巨大的潜力。在本研究中，从累计死亡率、RPS、组织病理学和转录组分析方面评估了分枝杆菌灭活疫苗和卡介苗抗分枝杆菌感染的效果。

结果显示，PBS 组和 BCG 组长江鲟的累计死亡率分别为 9.8% 和 7.8%，而 FKC 组的为 3.9%。接种 FKC 疫苗组长江鲟的相对免疫率达到 60.2%，接种 BCG 疫苗组长江鲟的相对免疫率达到 19.3%。对照组注射 PBS 的长江鲟在腹腔注射感染 MuLiflandii ASM001 后，出现腹鳍基部肌肉红肿、背鳍基部和背部肌肉脓肿甚至穿孔的症状，经组织病理学分析，对照组死亡的长江鲟肌肉和中肾组织中存在大量抗酸杆菌；从有脓疱的肌肉组织和腹水中也分离出了 MuLiflandii ASM001。这些结果证实了对照组死亡长江鲟 MuLiflandii ASM001 的感染。

值得注意的是，转录组数据分析结果显示，FKC/PBS 两两比较筛选的 DEG 在免疫相关通路"抗原处理与呈递""补体与凝血级联""吞噬体"等多个类别显著富集。吞噬体是细菌等微粒在吞噬过程中被吞噬后在其周围形成的小泡，吞噬作用是机体对病原体入侵早期先天免疫应答的基础（Stuart et al.，2008）。在吞噬过程中，吞噬细胞特异性表面受体上的微粒对 F-actin 细胞骨架的募集是吞噬细胞摄取微粒前的关键步骤，而 F-actin 在这一过程中起着重要的介导作用（Bulloj et al.，2013）。在本研究中，DEG 注释分析显示，在 FKC 疫苗免疫后 F-actin 基因上调表达。iC3b 作为 C3 的主要片段，是在经典补体途径或替代补体途径中产生的异二聚体血清源糖蛋白。甘露糖受体（mannose receptor，MR）是一种 C 型凝集素受体，是先天免疫系统中一种重要的模式识别受体。MR 参与了稳态过程和病原体识别（Gazi and Martinezpomares，2009）。据报道，

MR 活性的上调增强了吞噬作用，从而调节宿主对鸟分枝杆菌（*M. avium*）感染的反应（Kudo et al.，2004）。

本研究中，接种疫苗后 iC3b 和 MR 均上调，提示体内介导免疫清除的主要 C3 片段通过细菌的摄取和清除，在分枝杆菌灭活疫苗免疫的长江鲟抗 MuLiflandii ASM001 感染的免疫应答中发挥重要作用。接种分枝杆菌灭活疫苗，长江鲟在感染分枝杆菌后体内吞噬作用增强，加强了机体对病原体的摄取和清除。在鱼类的免疫系统中，凝血过程可以捕获血凝块中入侵的微生物，通过增强血管的通透性，发挥吞噬细胞的趋化因子的作用，促进先天免疫应答（Zhang et al.，2015）。

补体是一种被病原体激活的血浆蛋白系统，广泛参与抗菌防御反应和免疫调节。补体活化有三种途径：经典途径、凝集素途径和替代途径。补体激活产生的三个主要作用是病原体的调理作用，炎症因子的募集，免疫功能细胞的募集，以及病原体的直接杀灭。与 iC3b 的上调一致，本研究也发现在替代补体途径中显著富集的 DEG 也被上调。当补体 C1、C4 或 C2 的水平在鱼体中不足时，替代补体途径的激活与抗感染反应的早期阶段的非特异性免疫相关。接种疫苗后，参与主要组织相容性复合体（MHC）Ⅱ类途径的关键辅助分子和组织蛋白酶上调表达。

恒定链（invariant chain，Ii）与 MHC 分子相关，并将其靶向特殊的内质室（MIC），为高效加载 MHC Ii 类分子的多肽提供最佳环境（Neefjes，1999），将细胞外空间产生的多肽呈现给 CD4$^+$ T 细胞（Neefjes et al.，2011；Stern and Santambrogio，2016）。然而，CD4$^+$ T 细胞的抗原递呈未被激活。结果表明，灭活疫苗并未诱导激活细胞介导的细胞免疫。相反，在 BCG/PBS 成对比较中，DEG 并未显著富集到在免疫相关通路。BCG 疫苗没有诱导类似于灭活疫苗诱导的免疫应答。在本研究中，卡介苗减毒疫苗在鲟上并未达到在牙鲆上的免疫的保护作用（Kato et al.，2010）。BCG 减毒疫苗没有诱导细胞因子如 IL-1β、IL-6、IFN-γ 和 TNFα 的高水平表达。

事实上，许多研究发现卡介苗不能预防分枝杆菌。例如，卡介苗曾被用于为 14 只非洲水牛幼龄苗接种对抗牛分枝杆菌的疫苗，该研究表明，在接种后 9 个月，病灶数量没有显著减少，证实卡介苗没有起到足够的保护作用（Klerk et al.，2010）。Moliva 等（2015）提出分枝杆菌属细菌可能是一种有效的抗结核疫苗。在经常接触非结核的环境中，卡介苗对肺结核的预防作用不足或无保护作用（Brandt，2002）。

在本研究中，三组鱼在腹腔注射 MuLiflandii ASM001 120 d 后死亡率较低，这可能与攻毒试验中的水温有关。水温在攻毒试验阶段是（15±1）℃，这是远低于分枝杆菌的最佳生长温度 30℃。水温的升高可能影响了长江鲟以内细菌的繁殖速度，从而导致了疾病的缓慢发生。此外，虽然长江鲟与中华鲟的亲缘关系最为接近，但其在免疫力上的差异可能导致其对分枝杆菌的敏感性的差异。组织病理学评价和 RNA-Seq 分析显示，分枝杆菌灭活疫苗增强了长江鲟对分枝杆菌感染的先天免疫应答，能够增强机体对病原体的摄取和清除作用。

五、鲟分枝杆菌治疗

对于养殖的经济鱼类，一经发现分枝杆菌感染后，将感染鱼捕杀消毒掩埋并彻底清塘消毒，治疗的案例较少。中华鲟属于珍稀保护鱼类，治疗患病中华鲟对珍贵的物种资源保护具有重要的意义。根据感染中华鲟发病时的行为表现、白细胞分类计数以及医疗效果表明，中华鲟存在单纯 NTM 感染和混合感染。单纯 NTM 感染病程长，感染个体免疫力下降。由于养殖水环境微生物群落易受干扰，条件致病菌易增殖，鱼体自身也可携带多种条件致病菌，因此，当机体免疫力水平下降时也可能出现混合感染。混合感染多为急性发病，为害较大。

（一）治疗案例一

对香港海洋公园 1 尾感染分枝杆菌的子二代中华鲟 004# 鱼进行治疗。治疗方案：在抗结核药物利福平的基础上给予盐酸卡纳霉素和红霉素进行治疗。分枝杆菌感染后该鱼不主动进食，因此将利福平（6 mg/次）和红霉素（250 mg/次）混于食物中进行灌胃给药。盐酸卡那霉素采用腹腔注射，50 mg/次，3 种抗生素均两天给药 1 次。治疗时间为 2015 年 4 月 19 日～7 月 3 日，共计约 75 d。最终该尾鱼未能治愈，于 2015 年 7 月 4 日对其施行安乐死（张书环等，2017）。

采用三种抗生素联合用药治疗过程中，治疗的早期阶段，发现腹水明显减少。通过对 004# 鱼感染前 3 次血液参数和感染后 3 次血液参数比较分析结果显示，在 26 项生理生化指标中有 5 项指标差异显著（$P<0.05$），包括红细胞（red blood cell，RBC）、血红蛋白、红细胞压缩体积（packed cell volume，PCV）、平均红细胞体积（mean cell volume，MCV）和球蛋白（表 4-10）。在差异显著的各项指标中，RBC 数量在感染分枝杆菌后显著下降，抗生素治疗后，该指标呈回升趋势，并达与未感染时基本一致；PCV 和血红蛋白在分枝杆菌感染后突然下降，并始终维持较低水平（图 4-25）；MCV 和球蛋白在细菌感染初期在血液中的含量降低，药物治疗的初期三个指标均不同程度回升，但随着病程加剧均呈下降趋势并保持在较低水平（图 4-25）。在其他血液指标中，单核细胞在细菌感染后期持续升高，达到检测的最高值 10%（表 4-10 和图 4-25）；淋巴细胞在疾病感染初期显著降低，药物治疗后有所回升，但随着疾病进程加剧急剧下降，达到检测的最低值 31%（张书环等，2017）。

表 4-10　004#病鱼治疗前后血液生理生化指标变化

指标	发病前			治疗期				P
	140 516	140 923	141 009	150 419	150 511	150 603	150 621	
红细胞（10 个/μl）	0.38	0.46	0.49	0.39	0.26	0.31	0.42	0.02*
血红蛋白（g/dl）	4.86	4.69	4.85	2.72	2.99	2.86	2.77	0.00**
红细胞压缩体积（%）	25	28	25	17	15	16	14.5	0.00**
红细胞平均容量（fl）	658	609	510	436	577	516	345	0.03*
红细胞平均血红蛋白浓度（pg）	127.9	102.0	99.0	69.7	115.0	92.3	66	0.06
外周血白细胞总数（μl）	21 065	24 695	31 350	31 625	23 540	24 530	15 895	0.26
中性粒细胞（%）	12	14	16	15	48	9	57	0.12
淋巴细胞（%）	81	83	77	80	51	79	31	0.08
单核细胞（%）	2	2	2	3	1	5	10	0.16
嗜酸性粒细胞（%）	5	1	5	2	0	7	2	0.43
钠（mmol/L）	125	127	140	140	130	122	120	0.23
钾（mmol/L）	3.60	2.50	3.31	3.7	2.55	3.13	2.84	0.30
氯（mmol/L）	102	108	121	119	110	98	104	0.24
钙（mmol/L）	1.81	1.72	1.83	1.8	1.7	1.71	1.67	0.08
磷（mmol/L）	2.41	2.54	2.47	2.25	2.16	2.54	2.03	0.11
总蛋白（g/L）	20	27	26.9	16	18.4	20.1	10.8	0.10
白蛋白（g/L）	5.5	11.6	12.2	5.2	8.3	9.0	3.4	0.24
球蛋白（g/L）	14.5	15.4	14.7	10.8	10.1	11.1	7.4	0.02*
白球比 A/G	0.38	0.75	0.83	0.48	0.82	0.81	0.46	0.43
葡萄糖（mmol/L）	ND	1.7	2.1	0.9	2.5	2.9	1.9	0.30
尿素（mmol/L）	1.1	0.7	0.9	0.9	0.9	2.0	0.8	0.28
肌酸酐（umol/L）	ND	ND	3.5	ND	5.6	4.6	9.0	—
谷草转氨酶（U/L）	220	203	196	151	346	174	120	0.46
谷丙转氨酶（U/L）	25	52	45	31	100	44	45	0.24
肌酸激酶（umol/L）	1 005	6 816	2 389	1 219	6 256	459	678	0.40
尿酸（g/dl）	9.9	4.2	12.4	8.2	19.3	17.4	11.7	0.11

P 表示 004#分枝杆菌治疗前后血液指标 T 检验，*表示 t 检验 P<0.05，差异显著，**表示差异极显著 P≤0.01

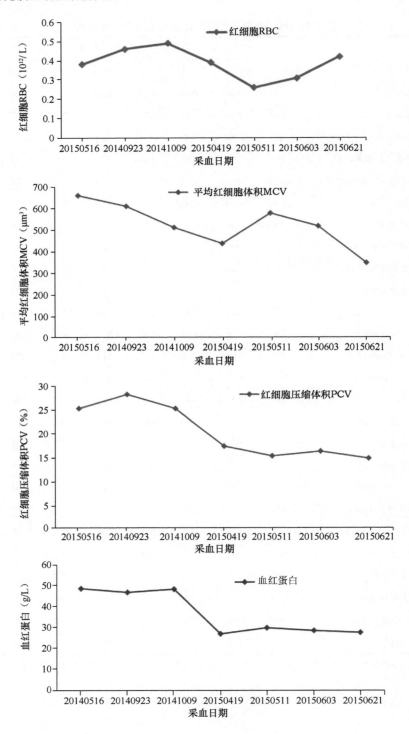

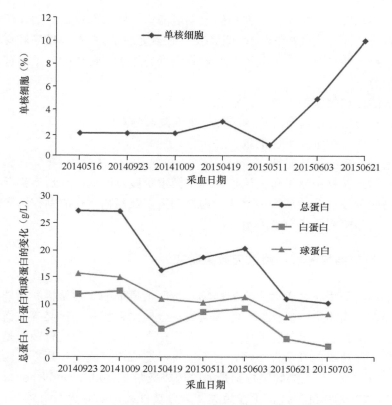

图 4-25 004#病鱼治疗前后血液生理生化指标变化趋势

（二）治疗案例二

在北京海洋馆对 3 尾 NTM 感染鱼进行治疗结果显示，目前治疗 NTM 最有效的药物是克拉霉素，其中将克拉霉素、盐酸多西环素片和恩诺沙星三种抗生素联合用药，将药物包入鱼饵料中，每天通过饲养员水下投喂，治疗 2～6 个月后，3 尾 NTM 感染鱼的呼吸频率和游泳行为趋于正常，体表溃烂和脓包的症状明显缓解。分析治疗 NTM 感染中华鲟特点为：及早治疗、多种抗生素联合用药、长效给药、疗程不低于 3 个月。这 3 尾鱼成功治疗的案例为今后鱼类 NTM 感染的治疗提供了重要的参考。

鱼类易感的分枝杆菌主要为非结核分枝杆菌，对一类和二类抗结核药物具有广泛的耐受性，截至目前成功治愈分枝杆菌感染鱼类的例子较少。对于养殖的经济鱼类，一经发现分枝杆菌感染后，将感染鱼捕杀消毒掩埋并彻底清塘消毒。然而，该种方式并不适合濒危鱼类。由于本病不易早期发现，一旦发现后，疾病进程已经达到中后期，因此治愈率低。采用三种抗生素联合用药的治疗方案，治疗时间为 75 d。治疗的早期阶段，发现腹水明显减少，同时发现治疗后 5 项血液理化指标均有显著性升高（$P<0.05$），即 RBC、血红蛋白、PCV、MCV 和球蛋白，说明药物治疗初期具有一定的效果，但随着病程的加剧，鱼体的多个器官衰竭，最终未能治愈。

分析未能治愈的原因主要有三点。

（1）该种分枝杆菌对所选择的三种抗生素具有耐药性。

（2）抗生素的剂量非最佳剂量。

（3）错过治疗的最佳时期。

目前，对分枝杆菌感染鱼的治疗尚属于摸索阶段。因此，今后有必要进一步开展鱼类易感分枝杆菌的药物敏感性、药物剂量以及药物对鲟的副作用等的相关研究，以期为患病鲟给予有效的治疗。

六、消毒剂对非结核分枝杆菌杀灭效果研究

消毒剂是一类用于杀灭微生物的药物。按照消毒剂的化学结构和功能，可分为醇类、醛类、卤素类、氧化物、季铵盐类、金属化合物和染料类等。卤素类、氧化类、季铵盐类在水产养殖中使用广泛（王玉堂，2015）。分枝杆菌病是一种重要的淡水和海洋鱼类的细菌性疾病，它不仅可以造成鱼类疾病和死亡，而且还是人类的机会致病菌，对人类健康特别是渔民构成威胁（Gauthier and Rhodes，2009；Jacobs et al.，2009）。此外，由于在鱼类感染分枝杆菌初期症状不明显不易观察，待出现明显症状后再进行治疗，效果不佳。

因此，对于鱼体抵抗分枝杆菌的感染，"防"大于"治"。针对人工养殖条件下鲟分枝杆菌日常的消毒尤为重要。目前，关于消毒剂杀灭分枝杆菌效果的研究国内外有少量的报道。据报道，分枝杆菌易受到醇类、某些卤素以及一些过氧化合物和酚类的影响（Widmer and Frei，2003；Noga，2010）。Best（1990）报道 70% 乙醇、2% 戊二醛和 5% 苯酚对结核分枝杆菌具有很好的杀灭效果。

徐燕等（2010）观察到三种卤素类消毒剂（含氯消毒剂泡腾片、二氯海因消毒泡腾片、碘伏消毒液）在低浓度下均可有效杀灭分枝杆菌悬液。Chang 等（2015）报道了 25 μl/L 聚维酮碘作用 5 min 能够非常有效地对斑马鱼胚胎进行分枝杆菌消毒。

二氧化氯作为强氧化剂，具有广谱杀菌能力。其作用机理不同于普通氯制剂，活性二氧化氯在氢离子作用下产生新的具有强氧化性的生态氯，能迅速黏附在微生物表面，渗透到微生物细胞膜中，使微生物蛋白质失活，达到杀灭微生物的目的。而次氯酸钙作为主要成分的漂白粉是通过分解产生的次氯酸，次氯酸会立刻分解活性氯和初生态氯对细菌原浆蛋白产生氯化和氧化反应，起到杀菌作用来预

防细菌性疾病的发生。聚维酮碘的杀菌作用是连续释放游离碘，破坏细菌新陈代谢，导致细菌等微生物失活，从而达到杀菌的目的。MuLiflandii ASM001 作为鲟分枝杆菌病的新病原，目前还不了解其对消毒剂的敏感性。

为了预防和控制中华鲟分枝杆菌病的流行和爆发，研究三种水产常用的卤素类消毒剂和 70% 乙醇体外作用，MuLfilandii ASM001 菌悬液来观察四种消毒剂对的杀灭效果。研究方法为：在无菌环境下，吸取 $1×10^7$ CFU/ml 菌悬液 1 ml 加入到 10 ml 无菌离心管中，加入 1 ml 配制的消毒液，向试管中加入 8 ml 无菌硬水至 10 ml 体积，至消毒液终浓度为实验浓度，细菌数为 10^5 CFU/ml。迅速混匀并计时，作用 15 min 后，取 0.1 ml 混合液于 10 ml 无菌离心管，加入 9.9 ml 无菌水，充分混合来中止反应。吸取 0.1 ml 的混合液涂在 7H10 + OADC 固体培养基上，涂布均匀后，使用封口膜将培养基封口，培养箱中 30℃ 保湿培养 4 周，4 周后进行单菌落计数。以无菌水代替消毒液作为阳性对照。每个消毒剂每个浓度重复三次，单菌落计数结果取平均值。按照上述同样的步骤，使用 30 min 的作用时间，观察每种消毒剂每个浓度的杀菌效果。

（一）二氧化氯杀菌试验

二氧化氯杀菌试验结果显示，与 MuLiflandii ASM001 作用时间为 15 min 时，随着二氧化氯消毒剂浓度的升高，二氧化氯的杀菌率从 13.0% 上升至 55.0%；当作用时间达到 30 min 时，二氧化氯杀菌率从 17.7% 上升至 100%，在二氧化氯浓度达到 0.20 mg/L 时，消毒时间增长 15 min，消毒剂对 MuLiflandii ASM001 的杀菌率明显提高。在 0.25 mg/L 二氧化氯作用 15 min 可以完全杀灭菌悬液中 MuLiflandii ASM001（表 4-11）。

表 4-11 二氧化氯对 MuLiflandii ASM001 杀灭效果

二氧化氯浓度（mg/L）	不同作用时间平均杀灭率（%）	
	15 min	30 min
0.15	13.0	17.7
0.20	55.0	76.3
0.25	100	100

（二）漂白粉杀菌试验结果

漂白粉杀菌试验结果显示，与 MuLiflandii ASM001 作用时间为 15 min 时，随着漂白粉消毒剂浓度的升高，漂白粉的杀菌率从 8.9% 上升至 11.3%；当作用时间达到 30 min 时，杀菌率 9.5% 上升至 13.1%。2.2 mg/L 的漂白粉在与 MuLiflandii ASM001 作用 30 min 后仍无法杀灭 MuLiflandii ASM001（表 4-12）。

表 4-12　漂白粉对 **MuLiflandii ASM001** 杀灭效果

漂白粉浓度（mg/L）	不同作用时间平均杀灭率（%）	
	15 min	30 min
1.8	8.9	9.5
2.0	9.1	10.9
2.2	11.3	13.1

（三）聚维酮碘杀菌试验结果

聚维酮碘杀菌试验结果显示，与 MuLiflandii ASM001 作用时间为 15 min 时，随着聚维酮碘消毒剂浓度的升高，聚维酮碘的杀菌率由 7.3% 上升至 8.1%，当增加作用时间至 30 min 时，聚维酮碘对 MuLiflandii ASM001 的杀菌率并未有明显提高，即使使用 35 μl/L 的浓度，聚维酮碘消毒剂对 MuLiflandii ASM001 的杀菌率也只有 8.9%，并不能完全杀灭 MuLiflandii ASM001（表 4-13）。

表 4-13　聚维酮碘对 **MuLiflandii ASM001** 杀灭效果

聚维酮碘浓度（μl/L）	不同作用时间平均杀灭率（%）	
	15 min	30 min
25	7.3	7.5
30	7.7	8.3
35	8.1	8.9

（四）70%乙醇杀菌试验结果

70%乙醇杀菌试验结果显示，70%乙醇消毒剂作用 15 min 后，可以完全杀灭菌悬液内的 MuLiflandii ASM001。

分枝杆菌是一类耐消毒细菌，其耐化学消毒能力介于营养细菌和内生孢子之间，低水平的消毒是不能杀灭分枝杆菌（Russell et al.，1986；Best，1990；Widmer and Frei，2003）。这种耐药性主要归因于分枝杆菌细胞壁高含量的脂质和由此产生的疏水性。这种特性阻止了亲水抗菌剂和化学消毒剂穿透细胞壁，以此来保护自身不被消灭（Russell，1996）。分枝杆菌病是鱼类目前流行非常广泛的传染病，对渔民和水产养殖者的健康带来了巨大的潜在威胁。筛选针对养殖鱼类及水体中非结核分枝杆菌的有效消毒剂是非常重要的。消毒剂的作用效果受到多种因素的影响，如消毒时间、pH、温度以及有机质的存在（Mainous and smith，2005）。

本研究采用体外杀菌的方法，使用四种消毒剂，二氧化氯、漂白粉、聚维酮碘、70%乙醇，采用不同浓度在 15 min 和 30 min 两种作用时间下筛选了体外杀灭 MuLilandii ASM001 有效消毒剂。结果显示，70%乙醇和的二氧化氯是杀灭 MuLiflandii ASM001 最有效的消毒剂。70%～75%乙醇通常被用于灭菌消毒，这个浓度的酒精能够顺利地进入细菌，有效地凝固细菌体内的蛋白质，因此可彻底杀死细菌。在本研究中发现使用 70%乙醇作用 MuLiflandii ASM001 15 min 就能够完全杀灭 MuLiflandii ASM001。因此本实验的结果显示 70%乙醇是杀灭 MuLiflandii ASM001 的一种有效消毒剂。

本研究的实验结果表明聚维酮碘消毒剂并不能有效地预防 MuLiflandii ASM001。漂白粉与二氧化氯制剂的杀菌机制不同，漂白粉主要是通过与水作用产生次氯酸来作用杀菌，而二氧化氯是通过极强的氧化性使病原微生物蛋白变性。Chang 等（2015）使用漂白粉对斑马鱼胚胎进行消毒时发现在提高漂白粉作用浓度时，对分枝杆菌的杀灭作用有限，并不是可取的消毒剂，本研究在采用漂白粉作用 MuLiflandii ASM001 时也得到了一致的结果。

然而，本研究结果显示，使用 0.25 mg/L 二氧化氯作用 15 min 却可以完全杀灭菌悬液中 MuLiflandii ASM001。本研究筛选的有效消毒剂可用于对转运鱼过程中的鱼体进行消毒，能有效地杀灭水体和鱼体附着的非结核分枝杆菌，从而有效的预防和控制中华鲟分枝杆菌病的流行和暴发，对中华鲟的物种保护具有重要的意义。

事实上，分枝杆菌引起的养殖中华鲟死亡不仅给鲟养殖业敲响了警钟，更为中华鲟自然种群感染分枝杆菌带来了潜在的风险。截至目前，还不确定分枝杆菌感染中华鲟的感染途径。虽然分枝杆菌是鱼类常见的细菌性疾病，但是关于鲟分枝杆菌病的研究资料还很少，中华鲟为生命周期及性成熟年龄长的个体，长期驯养过程中，由于养殖条件所限，免疫力水平易下降，特别是在性成熟前后等特殊生理阶段，应加强对中华鲟的机体免疫监测和营养。改善养殖条件，提高中华鲟免疫力，提高机体健康水平。在繁殖前对繁殖亲本进行仔细检测，以确定是否有感染分枝杆菌，并在放归群体之前对其进行适当隔离，对养殖群体的水质及水温进行定期检测。

总之，在当前控制鲟的分枝杆菌病预防大于治疗，应加快鲟分枝杆菌的流行病学调查、致病机理、传播途径、疫苗和药物等的研究。

第三节　运动型气单胞菌败血症

一、运动型气单胞菌败血症的流行现状

运动型气单胞菌败血症又称为细菌性败血症、出血病、溶血性腹水病等。它

是淡水鱼类暴发性流行病，最早发现于 1986 年上海市崇明县，引起异育银鲫的大量死亡（王艳艳等，2014）。1989 年开始在全国范围内流行，许多水生动物都可能暴发细菌性败血症。该病是我国养鱼史上为害鱼的种类最多、为害年龄范围最大、流行地区最广、流行季节最长、涉及养鱼水域最多、造成损失最严重的种急性传染病（战文斌，2004）。

鱼类运动型气单胞菌败血症主要流行于春末、夏初和秋季，20～30℃是其适宜的发病水温，尤其是持续 28℃以上的水温以及高温季节过后仍然保持在 25℃以上时更为严重。该病在我国 20 多个省（自治区、直辖市）广泛流行，可感染各种年龄阶段的鱼。水体中过高的氨氮、水温、低溶氧、高密度、拉网、运输等操作均是该疾病发生的重要诱因。中华鲟成鱼发病时间主要集中在每年的 5～8 月，水温为 24～30℃；幼鱼发病时间集中在转食期和异地驯养期，其死亡率高达 70%。

二、运动型气单胞菌败血症的病原

气单胞菌属（*Aeromonas*）细菌隶属变形菌门（Proteobacteria）γ 变形菌纲（Gammaproteobacteria）气单胞菌目（Aeromonadales）气单胞菌科（Aeromonadaceae）（汪建国，2013）。根据生长发育所需的温度范围以及是否需要动力，将气单胞菌分为两个大类：嗜冷无动力气单胞菌和嗜温有动力气单胞菌（房海等，2009）。运动型气单胞菌，即嗜温有动力气单胞菌是淡水鱼类肠道中的常住菌群，有些甚至属于鱼类肠道中的优势细菌（Noga，2010）。然而，一些运动型气单胞菌不仅是鱼类重要的病原菌，同时也可以感染两栖类、爬行类、鸟类及哺乳类动物（Fečkaninová et al.，2017）。运动型气单胞菌在水产养殖中主要的致病菌包括：嗜水气单胞菌、中间气单胞菌、温和气单胞菌、豚鼠气单胞菌、维氏气单胞菌、简氏气单胞菌（*Aeromonas jandaei*）和兽气单胞菌（*Aeromonas bestiarum*）（Noga，2010）。非运动型气单胞菌，即嗜冷无动力气单胞菌，其主要的致病菌是杀鲑气单胞菌（*Aeromonas salmonicida*）及其亚种，通常仅感染鲑鳟鱼类（汪建国，2013）。

迄今报道引起鱼类患运动型气单胞菌败血症的病原有多种，报道最多是嗜水气单胞菌（*Aeromonas hydrophila*）。嗜水气单胞菌是引起人工养殖鲟爆发运动型气单胞菌败血症的主要病原体，可以感染的鲟包括波斯鲟（*Acipenser persicus*）（Soltani and Kalbassi，2001）、西伯利亚鲟（*A. baerii*）（Cao et al.，2010）、史氏鲟（*A. schrenckii*）（Meng et al.，2011）、杂交鲟（*Huso dauricus*♀×*A. sthrencki*♂）（徐祥等，2014）、俄罗斯鲟（*A. gueldenstaedtii*）（Kayis et al.，2017）、小体鲟（*A. ruthenus*）（Santi et al.，2018）和中华鲟（*A. sinensis*）（Di et al.，2018）等。曹海鹏等（2007）

报道，杂交鲟（*H. huso*♀×*A. ruthenus*♂）和达氏鳇（*H. dauricus*）运动型气单胞菌败血症的病原为豚鼠气单胞菌（*Aeromonas caviae*）。肖艳冀等（2015）报道，西伯利亚鲟和俄罗斯鲟运动型气单胞菌败血症的病原是温和气单胞菌（*Aeromonas sobria*）。Di 等（2018）报道，中华鲟运动型气单胞菌败血症的病原是嗜水气单胞菌和维氏气单胞菌（*Aeromonas veronii*）（图 4-26）。

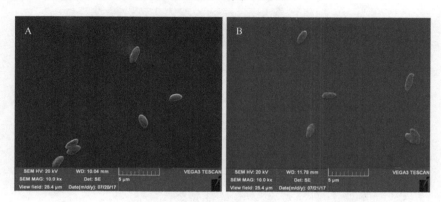

图 4-26　嗜水气单胞菌（A）和维氏气单胞菌（B）的扫描电镜图

运动型气单胞菌具有圆端的直杆状到细胞接近球状，单个或成对排列，通常以一根极生鞭毛运动；革兰氏阴性，无芽孢，无荚膜，兼性厌氧，具有呼吸和发酵代谢类型，化能异氧菌，对葡萄糖和其他糖类能产酸，可产气；氧化酶阳性，消化硝酸盐，对弧菌抑制剂 O/129 不敏感（汪建国，2013）。在普通营养琼脂培养基上 28℃恒温培养 24 h，生长良好，形成圆形、边缘整齐、中间隆起、表面光滑、半透明的灰白色或浅黄色菌落。

三、运动型气单胞菌败血症的致病机理

（一）病理变化

运动型气单胞菌的主要病症表现为：鲟发病早期摄食量下降，行动迟缓，病鲟上下颌、口腔、鳃盖、鳍条及腹部两侧骨板有轻微充血现象；病情加重时，病鲟摄食停止，贴于池底部游动，个别伴随着鳍条、皮肤和肌肉溃烂等症状，鳃丝腐烂、脱落，腹部膨大，肛门红肿（王艳艳等，2014；徐祥等，2014；江南等，2016）。解剖发现个别病鲟腹腔内有溶血性腹水，肝、脾、肾、生殖腺等脏器主要表现为不同程度的肿胀、充血、出血现象，或肝常因失血颜色变淡或呈现出红黄相间的花斑状纹路，肠道内含有黏稠的黄色或红色胶状液体，部分病鱼肠道充血严重（图 4-27）（王艳艳等，2014；Di et al.，2018）。

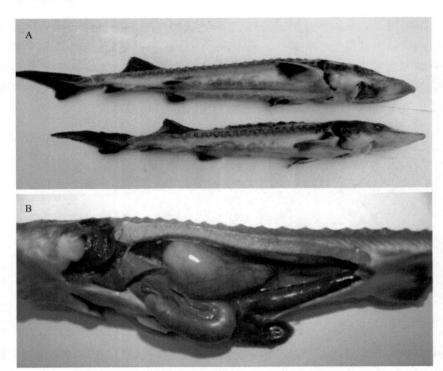

图 4-27　患病中华鲟幼鱼临床症状
A. 腹部两侧骨板充血严重，肛门红肿，尾鳍基部溃烂；B. 肝、脾、肠道和鳔充血

　　鲟运动型气单胞菌败血症的发生导致组织显微结构发生一系列变化。徐祥等（2014）报道，杂交鲟自然发病早期，肝组织主要表现为血液循环障碍，肝血窦及中央静脉扩张，病情严重时，血管内皮细胞肿胀，血管腔内溶血，铁血黄素沉积，肝实质细胞严重空泡变性，出现弥散性坏死并伴有局灶性出血，部分肝细胞出现核固缩和核碎裂；发病早期的脾组织局部可见大量红细胞肿胀，脾窦扩张，动脉、静脉和毛细血管内红细胞肿胀，病情严重时，脾组织疏松，血管内红细胞大量溶血，淋巴细胞显著减少，在血管周围出现局灶性坏死；发病早期的肾中肾间质疏松，淋巴细胞坏死脱落，肾小管轻微颗粒变性，肾小体毛细血管球萎缩囊腔扩大。Di 等（2018）报道，长江鲟（*A. dabryanus*）幼鱼人工感染嗜水气单胞菌和维氏气单胞菌后表现出相似的病理特征，病理损伤主要集中在肝、脾、肾和肠道，且肠道组织结构损伤严重（图 4-28）。超微结构病理变化显示：肝、脾和肾的实质细胞线粒体普遍肿胀、膨大，严重时其嵴状结构消失或解体；内质网和高尔基体等细胞器则病变较轻，只见略微肿胀（徐祥等，2014）。

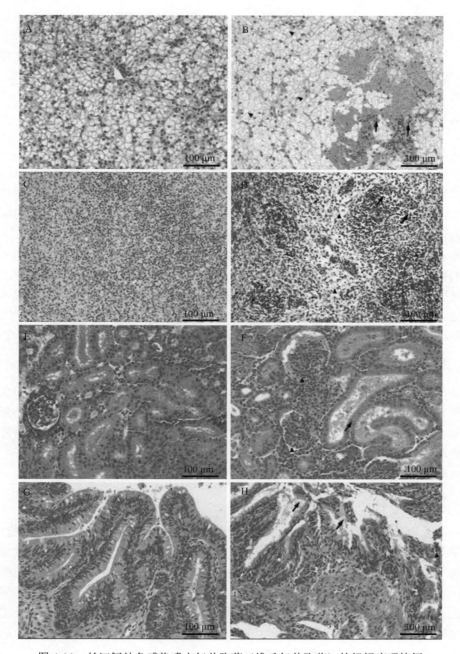

图 4-28 长江鲟幼鱼感染嗜水气单胞菌（维氏气单胞菌）的组织病理特征

A、C、E、G 分别表示健康组长江鲟的肝、脾、中肾和肠道；B 为感染组长江鲟的肝（三角形表示肝实质细胞空泡变性；箭头表示肝局灶性出血）；D 为感染组长江鲟的脾（三角形表示红髓坏死并形成组织间隙，箭头表示白髓坏死）；F 为感染组长江鲟的中肾（三角形表示肾小球水肿，箭头表示肾小管上皮细胞凝固性坏死）；H 为感染组长江鲟的肠道（箭头表示肠黏膜脱落）

（二）菌株致病性

气单胞菌的致病性与其产生的致病因子密切相关。已知的毒力因子有外毒素（气溶素、溶血素、细胞毒性肠毒素等），胞外蛋白酶（丝氨酸蛋白酶、核酶、金属蛋白酶等），结构蛋白（脂多糖、S层蛋白、转铁蛋白、外膜蛋白、菌毛等）以及信号相关蛋白质（如分泌系统蛋白等）（李芳，2019）。

1. 外毒素

在细菌生长过程中由细胞内分泌到细胞外的一类可溶性蛋白。外毒素毒性极强，极微量便可导致实验动物死亡；抗原性极强，可刺激机体产生高效价的抗毒素；但其化学性质不稳定，易被酸、酶和热灭活。气溶素是气单胞菌主要的毒力基因，并具有溶血性、细胞毒性和肠毒性。气溶素是细菌通道形成毒素，可破坏细胞膜的脂质双分子层，形成直径约 3 nm 的孔径，从而破坏细胞膜的渗透性，导致细胞死亡，引起 β 溶血（Howard et al.，1987）。溶血素可直接破坏细胞膜，引起细胞破裂，最终导致宿主细胞死亡，它可以溶解红细胞，破坏血小板、成纤维细胞、内皮细胞、心肌细胞等（Miles et al.，2006）。肠毒素是兼具溶血性和肠毒性的毒力因子，往往与宿主肠道炎症的发生有关（Chopra et al.，1993）。

2. 胞外蛋白酶

气单胞菌胞外蛋白酶是其主要致病因子之一，能够直接引起宿主组织损伤，进而有利于细菌的入侵和营养摄取（汪建国，2013）。所以，气单胞菌中胞外蛋白酶的存在与否同菌株的毒力大小相关。例如，丝氨酸蛋白酶具有间接的致病性，主要通过协同其他毒力因子共同作用于机体，同时还具有活化其他毒力因子的作用（李芳，2019）。

3. 结构蛋白

脂多糖是革兰氏阴性菌外壁中的主要成分，位于细胞壁最外层，耐热而稳定，也是细菌内毒素。脂多糖是细胞因子 TNF-α 的强烈刺激剂，能够使 TNF-α 过量表达而引发炎症反应。细菌内毒素脂多糖主要通过两种方式发生作用：一方面脂多糖在细菌周围形成稳定的保护屏障以逃避抗生素的使用，从而有利于革兰氏阴性菌在体内的存活和繁殖；另一方面脂多糖作用于宿主细胞，引起如白细胞介素、肿瘤坏死因子等细胞因子的产生，从而导致多种炎症介质参与的连锁反应，破坏机体的正常生理机能（汪建国，2013）。

4. 信号相关蛋白质

它包括Ⅱ、Ⅲ型分泌系统相关蛋白和部分孔蛋白等，大多属于转移酶类物质。

虽然这些蛋白不具有直接致病性，但在致病过程中参与几乎所有毒力因子的分泌和转运，特别是Ⅲ型分泌系统与细菌致病性密切相关，因此受到广泛关注。Ⅲ型分泌系统是一个连续的横跨内膜和外膜的分泌孔道，由 20 多种蛋白质组成，是目前所有已知蛋白质分泌系统中最复杂的，由分泌蛋白、分子伴侣、分泌器蛋白和调节蛋白构成。Ⅲ型分泌系统是一个专门的蛋白质分泌装置，可将致病因子直接输入到宿主细胞中。这些致病因子颠覆宿主细胞的正常功能，以利于细菌入侵。

（三）感染途径

运动性气单胞菌的毒力因子在细菌侵染的 4 个阶段中均发挥着重要作用：第一阶段为黏附阶段，细菌主要依靠 S 层蛋白、外膜蛋白、菌毛等黏附因子黏附于宿主上皮细胞；第二阶段为侵入阶段，细菌在外膜蛋白和孔蛋白作用下进一步入侵宿主组织；第三阶段为定植阶段，细菌借助丝氨酸蛋白酶、脂多糖等胞外蛋白酶定植于鱼体的皮肤、鳃和肠上；第四阶段为释放毒力因子阶段，细菌利用Ⅱ、Ⅲ型分泌系统相关蛋白等进行外毒素分泌和转运（李芳，2019）。

四、运动型气单胞菌败血症的防治

在做好预防工作的基础上，采取药物外用与内服结合治疗。预防措施包括：保持池塘水体清洁，不投喂腐败变质的饵料，定期用二氧化氯进行水体消毒，鱼苗在异地驯养前进行鱼体消毒（战文斌，2004）。治疗方法包括：①内服：每 100 kg 鲟用恩诺沙星 20 g 制成药饵投喂，每天 4 次，连续 6 天（夏露和熊冬梅，2008）；或每 1 kg 鲟每天用茵陈 3 g、穿心莲 2 g、板蓝根 2 g、大黄 2 g、鱼腥草 2 g 煎汁拌饲料投喂，连续 10 天（李育东和张忠亮，2011）。②肌肉注射：每 1 kg 鲟肌肉注射 10～20 mg 新霉素，每天 1 次，连续 3 天（曹海鹏等，2007）。③浸泡：用浓度为 2～4 mg/L 二氧化氯浸泡 50min 左右，每天 1 次，连续 3 天。

第四节　柱状黄杆菌病

一、柱状黄杆菌病的流行现状

柱状黄杆菌病一般流行于 4～10 月，主要流行于夏季。该病在水温 15℃以上开始发生，在 15～30℃内水温越高越容易爆发流行。当水温高于 25℃时，水体中有机质含量升高，鲟抵抗力降低，病原菌生长旺盛，毒力增强，因此容易爆发流行。同时，当鲟鳃部被机械损伤或寄生虫寄生时，特别容易被病原菌感染。

多种原因可引起鱼类患烂鳃病，其中主要包括三类：一类是寄生虫引起，一类是水生藻状细菌引起，还有一类是由柱状黄杆菌（*Flavobacterium cloumnare*）

引起，亦被称为细菌性烂鳃病（战文斌，2004）。柱状黄杆菌病是淡水鱼类最常见的病害之一，此病发病季节长，流行广，各种生长阶段的鱼类均易发生。同时，该病易与败血症、肠炎病和胃充气病并发，可导致草鱼（*Ctenopharyngodon idellus*）、斑点叉尾鮰（*Ictalurus punctatus*）、鳜（*Siniperca chuatsi*）等多种鱼类患病（张建明等，2016）。

二、柱状黄杆菌病的病原

目前报道的鲟细菌性烂鳃病的病原主要是柱状黄杆菌（*Flavobacterium cloumnare*）（张建明等，2016）。柱状黄杆菌为菌体细长、弯曲或直，两端钝圆的杆状革兰氏阴性菌。该菌以横分裂繁殖，通常横分裂成两个差不多相同长度的菌体。菌体无鞭毛，常见两种运动方式：一种是摇晃运动，另一种是滑行运动。该菌在胰蛋白胨琼脂平板上生长良好，菌落黄色，边缘不整齐，大小不一，假根状，中央较厚，显色较深。由于该菌易被生长较快的细菌覆盖，因此不能用营养丰富的培养基进行分离培养，需要用贫营养的培养基。培养基中的 pH 在 6.5～8.0 可生长，pH＝8.5 时不生长；超过 0.6% NaCl 不生长；最适生长温度为 28℃；能液化明胶；不分解淀粉、葡萄糖、几丁质和纤维素；硝酸盐还原试验、酪素水解试验为阳性；过氧化物酶、靛基质试验和硫化氢试验为阴性。在厌氧条件下，该菌也能生长，但生长缓慢。

三、柱状黄杆菌病的症状及病理变化

柱状黄杆菌病主要病症表现为：病鲟体色暗淡，行动缓慢，常离群独游；鳃盖上带泥土杂物的胶状混黏液；鳃丝颜色变浅发白，肿胀，黏液增多，末端弯曲，局部存在黄色溃疡灶；鳃丝局部因缺血而呈紫色并伴有小的出血点（图4-29；朱永久等，2005；张建明等，2016）。

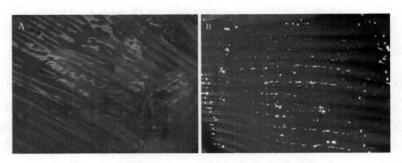

图4-29　患病和健康子二代中华鲟幼鱼鳃（张建明等，2016）
A. 患病中华鲟鳃；B. 健康中华鲟鳃

组织病理学观察显示，患病鲟鳃小片细胞大量坏死，成片脱落，组织间隙充满大量血细胞，充血严重（刘明生和李川，2012）。严重者鳃丝、鳃弓、鳃小片溃烂严重。部分鳃小叶上皮细胞与毛细血管分离，增生，互相融合在一起形成棍棒状，导致鳃失去了气体交换的功能。

四、柱状黄杆菌病的防治

在做好预防工作的基础上，采取药物外用与内服结合治疗。预防措施包括：及时更换池水；保持水质清新；发病季节，每月全池用遍撒生石灰 1～2 次，使水体 pH 保持在 8 左右；定期将乌桕叶扎成小捆，放在池水中浸泡，隔天翻动一次（战文斌，2004）。治疗方法包括：①内服：对发病池塘中的鲟投喂多维（每千克饲料 3 g）和三黄散（每千克体质量 0.5 g）药饵，每天 1 次，连续 6 天；或每 1 kg鲟每天用土霉素 50 mg 拌饵投喂，连续 5 天（朱永久等，2005；张建明等 2016）。②浸泡：用 1% NaCl 和 5 mg/L 左氧氟沙星停水浸泡 90 min 左右，每天 1 次，连续 5 天。

第五节 肠型点状气单胞菌病

一、肠点状气单胞菌病的流行现状

大多数传染性鱼病，在发病过程中都可能会出现肠道出血、发炎等症状，此处所指的细菌性肠炎病是指肠道致病菌所引发的一种传染性疾病。该病也是养殖鱼类中最为严重的病害之一，在我国各养殖基地均匀发生（战文斌，2004），且草鱼、青鱼最易发病，同时养殖鲟也有发生（朱永久等，2005）。

水温高于 20℃时，因养殖水体水质变坏或鲟摄食霉变，饲料易发细菌性肠炎病（朱永久等，2005）。该病常和败血症、烂鳃病并发。

二、肠点状气单胞菌病的病原

细菌性肠炎病是养殖鱼类常见的传染性疾病，该病的病原是肠型点状气单胞菌（*Aeromonas punctata* f. *intestinalis*）。肠型点状气单胞菌为两端钝圆，单个或成对排列，极端单鞭毛，有动力，不产芽孢的革兰氏阴性短杆菌。该菌最适生长温度为 25℃；在 pH 在 6.0～12 能生长；对弧菌抑制剂 O/129 不敏感；发酵葡萄糖产酸产气或产酸不产气；细胞色素氧化酶试验阳性；在 R-S 选择和鉴别培养基上形成黄色菌落。琼脂培养基上，培养 24～48 h 后形成半透明的褐色菌落。

三、肠点状气单胞菌病的症状

肠点状气单胞菌病的主要病症表现为：病鲟体色暗淡，行动缓慢，摄食量下降，常离群独游。病情较重者，腹部膨大，肛门红肿，轻压腹部有黄色黏液或血脓流出。解剖早期可见肠壁充血发红、肠道内只有少量食物或无食物，并有较多血黄色黏液；疾病后期，可见全肠充血发炎，肠壁呈红色，尤其后肠最为明显，内脏器官未见明显异常（朱永久等，2005；田甜等，2018）。

四、肠点状气单胞菌病的防治

应做好预防工作的基础上，采取药物外用与内服结合治疗。预防措施包括：及时更换池水；保持水质清新；投喂新鲜的天然饵料或颗粒大小适中的人工饵料；做到定时、定量、定期投喂饵料（朱永久等，2005）。治疗方法包括：①内服：每 1 kg鲟每天用恩诺沙星 30 mg 拌饵投喂，每天 1 次，连续 7 天；②浸泡：用 30～40 mg/L 聚维酮碘浸泡 90 min 左右，每天 1 次，连续 5 天（田甜等，2018）。

第五章　寄生虫性疾病

引起鱼类寄生虫性疾病的寄生虫种类虽然很多，但危害淡水鱼类，常见、多发的鱼类寄生虫一般可分为两大类：一是单细胞原生动物的寄生虫，主要有鞭毛虫、变形虫、孢子虫、纤毛虫；二是多细胞的原生动物的大型寄生虫，主要有各类寄生蠕虫、甲壳动物和软体动物的钩介幼虫等。鲟是目前养殖数量最多、最广的冷水性鱼类之一，因其养殖水温较低，寄生虫性疾病相对来说较少，微孢子虫、小瓜虫、车轮虫等原虫能适应较低的水温生活，因此养殖鲟时会经常遇到这些寄生虫引起的病害。而一些喜高温和富营养化水质生活的钟形虫、聚缩虫等，及其他寄生蠕虫在鲟养殖中很少发现。

第一节　微孢子虫病

一、病原

微孢子虫属于微孢门（Microspora）微孢子纲（Microsporea）微孢子目（Microsporida）。

二、症状

病情刚发生时，鲟体颜色发黑，在体背部和鱼鳍的表面、背部鳞板处有暗白色的零星白色小点。病情加重时，身体皮肤或骨板上的白点日趋增多，病鱼的躯干、头、鳍等处遍布白点连成一片，形成小白斑，同时伴有大量黏液分泌，鳞板的尖部发白，胸鳍和口周围伴有慢性出血现象。不久，多数鱼苗体表白点上或白斑处感染上大量的水霉，鱼体开始消瘦，体色变得灰白，身体僵硬、静卧于池底、反应迟缓、停食并逐渐死亡。解剖病鱼或死鱼可见肝上有出血点，呈"花肝"症状，胆囊黄色或透明，肠道中有黄绿色脓水。

三、流行情况

该病没有明显的季节发病规律，但一般发生在每年的3～9月；李美英（2007）发现微孢子虫病主要为害体长3～25 cm的鲟苗种，引起鲟苗种死亡率达45%以上。

但对体长 30 cm 以上的大龄鲟几乎不染病，或未见明显症状。单纯患有轻微的白点症状的鲟苗种，不会出现大量死亡现象，但一旦同时感染了水霉，死亡率会加大。

四、诊断方法

肉眼观察，患病鱼体体表有暗红色小白点，用刮片法刮去白点处的病灶组织及黏液，进行显微镜检，可看到微小、呈群或散布的圆形小囊。

五、防治方法

李美英（2007）研究发现用 200 ppm 的福尔马林浸泡 30 min，连续使用 4 d，可达到一定的治疗效果；2 ppm 的聚维酮碘或 0.1% 的食盐浸泡 30 min，连续使用 4 d，对微孢子虫也有一定的杀灭作用。

第二节　纤 毛 虫 病

鲟中发现最为常见的纤毛虫有小瓜虫、车轮虫、斜管虫等。这些纤毛虫主要寄生在鲟的鱼鳃部位。一般判断鲟鳃是否有纤毛虫寄生，主要看鲟鳃部的黏液是否增多。鱼鳃有大量纤毛虫寄生时，鱼鳃张开后不能进行有效的闭合，并且在一定程度上大大地降低了鲟的游泳能力，食欲在一定程度上也会有所减退。特别是对于那些刚破膜至体长 5 cm 的幼鱼危害性最大，严重情况下还会造成大量幼鱼死亡。

一、小瓜虫病

1. 病原

小瓜虫病的病原体为多子小瓜虫（*Ichthyophthirius multifiliis*），属动基片纲膜口亚纲（Hymenostomatia）膜口目（Hymenostomatida）凹口科（Ophryoglenidae）小瓜虫属（*Ichthyophthirius*）。生活史分为成虫期、幼虫期和包囊期。体为卵圆形，为一种大型的原生动物，肉眼可见。显微镜下观察，可看到除胞口周围外，体披等长而分布均匀的纤毛。大核呈马蹄形或香肠形，小核呈圆形。

2. 症状

小瓜虫病又称为白点病。虫体大量寄生时，肉眼观察病鱼体表、鳃部与鳍条等部位布满白色小点，鳃丝和鳍条处较多。寄生于鳃时会伴有出血现象（图 5-1）。病鱼表现食欲减退，鱼体消瘦，游泳迟钝，呼吸困难，游于水面。

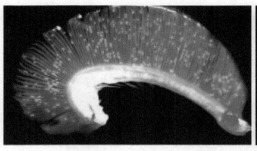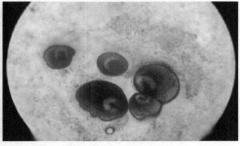

图 5-1 寄生在鲟鳃上的小瓜虫（潘鹏等，2015）

3. 流行情况

小瓜虫的繁殖适宜水温为 15～25℃，常见于春季或秋季的河水养殖苗种过程中。小瓜虫靠包囊及其幼虫传播，特别是在密养的情况下，更容易发此病。

4. 诊断方法

鱼体表形成小白点的疾病，除小瓜虫病外，还有孢子虫病等，所以不能仅凭肉眼看到鱼体表有很多小白点就诊断为小瓜虫病，最好用显微镜进行检查。

5. 防治方法

小瓜虫在不良条件下可形成包囊，故苗种放养前，鱼池一定要做好消毒工作。目前尚无理想的治疗方法，潘鹏等（2015）发现提高养殖水温至 25℃以上，鲟小瓜虫病不治而愈，此外可以用主要成分是福尔马林的药物浸泡，也能达到一定的治疗效果。

二、车轮虫病

1. 病原

车轮虫属（*Trichodina*）中的一些种类，属纤毛门寡膜纲（Oligohynenophora）缘毛目（Peritrichida）车轮虫科（Trichodinidae）。寄生鲟常见车轮虫种类有显著车轮虫（*T. nobilis*）、卵形车轮虫（*T. ovaliformis*）和网状车轮虫（*T. reticulata*）等。虫体侧面观如毡帽状，反面观圆碟形，运动时如车轮转动样，所以称为车轮虫（图 5-2）。

2. 症状

车轮虫主要寄生在鲟的体表和鳃上，寄生少量时鱼体不表现症状，但大量寄生时，病鱼体表颜色较淡无光泽，鱼体消瘦，游泳无力迟缓，将其鱼鳃打开，

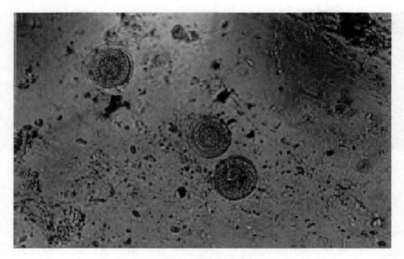

图 5-2　车轮虫活体（潘鹏等，2015）

会发现鳃丝暗红，有较多的黏液，通过镜检会发现有大量的车轮虫寄生。不摄食，当鱼体和鳃耙上寄生车轮虫数量过多时直接影响其生长，严重时造成苗种大量死亡。

3. 流行情况

车轮虫病主要为害幼苗，适宜水温 20～28℃；水体小、放养密度过大，鱼体受伤或发生其他疾病、身体衰弱时，车轮虫易大量繁殖而成为病害。

4. 诊断方法

取一点鳃丝或从鳃上、体表刮取少放黏液，置于载玻片上，加一滴清洁水制成水封片，在显微镜下看到虫体并且数量较多时可诊断为车轮虫病；如仅仅见少量虫体，不能认为是车轮虫病。

5. 防治方法

加强管理，调节水质，提高鱼体抗病力；病鱼用 2%～3%食盐水或 1 mg/L 浓度的硫酸铜浸泡 1 h，对车轮虫可起到一定的杀灭效果。

三、斜管虫病

1. 病原

鲤斜管虫（*Chilodonella cyprini*），属纤毛门（Ciliophora）动基片纲（Kinetofragminophorea）下口亚纲（Hypostomatia）管口目（Cyrtophorida）斜管虫

科（Chilodonellidae）斜管虫属（*Chilodonella*）。虫体腹面观卵圆形，后端稍凹入。侧面观背面隆起，腹面平坦，前端较薄，后端较厚。大核椭圆形位于虫体后部，小核球形，一般在大核的一侧或后面；伸缩泡 2 个。

2. 症状

斜管虫寄生在病鱼体表、口腔、鳃部，大量寄生时可引起皮肤及鳃上有大量黏液，病鱼在水中表现为急躁不安，体表呈蓝灰色薄膜样，口腔、眼周围黑色素增多。病鱼离群狂游，或在水面翻转行为异常，鱼体与实物摩擦，形成擦伤发炎，坏死脱落，有时呼吸困难而死。

3. 流行情况

鱼苗开口期间易发生此病，水质恶劣、鱼体衰弱抵抗力差时，易发生斜管虫病。

4. 诊断方法

该病无特殊症状，病原体较小，必须用显微镜进行检查诊断。

5. 防治方法

使养殖水体的福尔马林浓度呈 90 mg/L 浓度，静水消毒 0.5 h，连用 3 d，效果明显。

第三节　钩介幼虫病

一、病原

钩介幼虫（Glochidium），是软体动物双壳类蚌的幼虫。李美英（2007）镜检病鲟的鳃和须，发现上面附着很多外观呈钱包状的钩介幼虫。经鉴定属于背角无齿蚌（*Anodonta woodiana*），说明该寄生虫属于背角无齿蚌的钩介幼虫。

二、症状

钩介幼虫主要在鲟的鳃、须部和口吻的周围寄生（图 5-3）。被感染钩介幼虫的鲟，表现体色发暗，身体消瘦，狂游，严重的躲在池塘的边部，不食不动，直到死亡。目测观察患病的鱼体，头部和口周围发红，须部有发红、肿大，甚至感染出血现象，被寄生的鳃部充血肿大，黏液较多。镜检发现寄生钩介幼虫的须组织发红，周围发炎、增生、肿大，并形成外观呈乳白色或米黄色小点状的包囊。

寄生在鳃部的钩介幼虫钩挂在鳃丝的表面或镶嵌在鳃丝之间，有的裹在鳃丝分泌的黏液内，被侵染的鳃丝组织多肿大、发炎或溃烂出血。

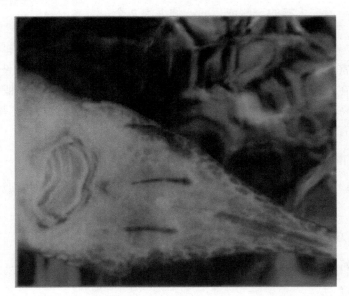

图 5-3　鲟须上钩介幼虫的寄生情况（李美英，2007）

三、流行情况

该病流行于春末夏初，这时正是钩介幼虫离开母蚌，悬浮于水中的时候，故在此时易出现钩介幼虫病。水流缓慢的鱼池易出现钩介幼虫病，鲟幼鱼（体长平均 25～30 cm，体重 200～350 g）被钩介幼虫感染的比例较大。

四、诊断方法

肉眼可见病鱼鳃和须部发红、发肿，用解剖镜检查，可清楚地看到寄生的钩介幼虫。

五、防治方法

养鱼之前，用生石灰彻底清塘，以杀死潜藏的蚌类；发现鱼池有蚌时，彻底清除池中的蚌类，在鲟鱼苗和幼鱼的培育池内的进水口加设过滤装置，以免水源中的钩介幼虫随水流带入鱼池；引种鲟鱼苗时，做好检疫工作，防止引入携带钩介幼虫的苗种。用 0.7 mg/L 浓度的硫酸铜溶液全池泼洒。

第四节 甲壳动物病

一、锚头鳋病

1. 病原

锚头鳋（*Lernaea* spp.），属于桡足亚纲剑水蚤目锚头鳋科（Lernaeidae）。

2. 症状

肉眼可见，寄生在鲟的口腔、皮肤和鳍等处。刘富强和任平华（2018）发现患病匙吻鲟被锚头鳋寄生后，表现症状为烦躁不安，经常跃出水面；会出现少量死亡，死亡个体瘦小且口腔、身体、鳍部等身体大部分出现体表组织充血发炎，形成水泡状肿胀，水泡中间肉眼可观察到似针状虫体，故又称之为"针虫病"。

3. 流行情况

锚头鳋流行地区分布很广，感染率高，感染强度大，流行时间长，在 12～33 ℃的水温均有可能流行。

4. 诊断方法

肉眼可见病鱼体表一根根似针状的虫体，即是锚头鳋的成虫。

5. 防治方法

养殖鲟前，对池塘彻底清塘消毒；刘富强和任平华（2018）发现用阿维菌素、氯氰菊酯、溴氰菊酯、氰戊菊酯等药物有一定的治疗效果，但不宜重复使用同种药物，以免产生耐药性。

二、鱼虱病

1. 病原

拟马颈鱼虱为颚虱目（Lernaeopodoidea）颚虱科（Lernaeopodidae）拟马颈颚虱属（*Pseudotracheliastes*）的寄生桡足类，该属至今记录有 3 种，分别是 *Pseudotracheliastes soldatovi*、*P. stellatus*、*P. stellifer*。我国的首次报道是 1966 年在金沙江野生中华鲟鳃耙上发现拟马颈鱼虱，经鉴定为 *P. soldatovi*。

2. 症状

陈锦富和叶锦春（1983）发现在塘养条件下，拟马颈鱼虱可大量寄生，而且寄生的部位比较广泛，寄生在鱼鳍基部、肛门、鳃弓、口腔、鼻腔、咽部、食管等，尤以鳃弓、口腔等部位为最常见。能引起患处组织充血、炎症和组织坏死。并被怀疑，如虫体大量寄生会导致鲟死亡。

3. 流行情况和危害性

寄生于中华鲟（*Acipenser sinensis*）的长江拟马颈鱼虱（*P. soldatovi yangtzensis*），水温在12℃以下，30℃以上时均不易孵化，适宜水温为18～23℃。17.5～20℃时8～10 d可孵出无节幼体，雌虱每隔1～2 min，可排卵一个。无节幼体经2～4 h后，蜕皮而为桡足幼体。据陈锦富和叶锦春（1983）的研究，桡足幼体1～2 d找不到寄主就会自行死亡。此虫的寄生部位较严格。但也可以寄生于白鲟（*Psephurus gladius*）。

4. 诊断方法

此病较易诊断，通常在鱼体表、鳍条或骨板上肉眼可观察到，外形像小臭虫。

5. 防治方法

养殖鲟前，对池塘彻底清塘消毒；一般采用人工拨取虫体的方法、涂抗生素软膏等或用50 g/L食盐水浸浴鱼体1～2 h有较好的疗效。

第六章 真菌性疾病

鱼类由于真菌感染而患的病，称为鱼类真菌病。为害鲟的主要是藻菌纲的一些种类，如水霉、绵霉等。真菌病不仅为害鲟的幼体及成体，且危害卵。目前对真菌病尚无理想的治疗方法，主要是进行预防及早期治疗。

第一节 卵 霉 病

一、病原

卵霉病主要由水霉属和绵霉属等水生真菌寄生引起。常见的种类有丝水霉、鞭毛绵霉等。

二、症状及危害

它主要为害中华鲟、长江鲟、史氏鲟等常见养殖鲟的鱼卵孵化阶段，一般受精卵孵化 2～3 d 即可遭感染，主要寄生于坏卵上，并迅速向好卵传播。受感染的鱼卵表面有白色或黄色丝状物。为害鲟鳇鱼卵时，其鱼卵表面长有黄白色的毛絮状物，严重时鱼卵像一个个圆球大量粘连在一起。

三、防治方法

保持水质良好、提高受精率，漂洗鱼卵，清除坏卵病卵和未受精卵可有效预防该病。可用水霉净、亚甲基蓝和孔雀石绿等药物浸洗鱼卵控制病情。

第二节 水 霉 病

一、病原

水霉属和绵霉属真菌。

二、症状及危害

水霉病的发病范围相对比较广，在鲟生长的各个阶段都有可能发生，主要发生在仔幼鱼阶段。患病鲟早期离群，在水体上层不正常游动，焦躁不安，行动迟缓，食欲减退。患病幼鲟头部、骨板、鳍条等部位有水霉寄生，肉眼观察可见黄白色或灰白色棉毛状物（图6-1），寄生严重部位伴有明显充血和肌肉溃烂现象，多为鲟体表受伤而继发感染。另外，鱼体冻伤后经病原菌感染，在伤处滋生大量絮状水霉。该病以早春、晚秋最为流行，水温15～20℃为疾病高发期。

图 6-1　感染水霉的病鱼（潘鹏等，2015）

三、防治方法

1. 预防方法

运输、放养鱼苗和转池时，操作要细致，放养仔、幼鱼的鱼池池壁池底要光滑，避免鱼体擦伤。经过操作后的鱼需用2%～3%的食盐水浸泡3～5 min。冬季可以加深水位或盖保温棚，以避免冬季冻伤，春季长水霉。

2. 治疗方法

对于发病较轻的鱼体，人工擦拭掉鱼体表的水霉，用亚甲基蓝涂抹患处，然后用2%～3%的食盐水浸泡3～5 min，同时用抗生素拌料投喂，饲喂土霉素，第一天5 g/kg饲料，第2～6天喂3 g/kg饲料，每天2次，共喂7 d，还可以用五倍子进行整体预防和治疗。如果发现患有水霉病的鲟，将其集中在一个水池中，并用4 kg/m³食盐+10 kg/m³的强力霉素浸泡1 h，此方法连续使用3～5 d。

第七章　鲟特有疾病

第一节　鳔充气

一、病因

　　喉鳔类鱼类的鳔管与食道相通，当水中气泡较多时，口吞气泡经食道、鳔管进入鳔中，鱼小腹肌不发达，随着鳔充气越多而越膨胀。主要发生在鲟幼鱼。

二、症状

　　腹部胀大浑圆，腹面向上，浮游水面，内脏被膨胀的鳔挤压、萎缩，停食，死亡（图 7-1）。

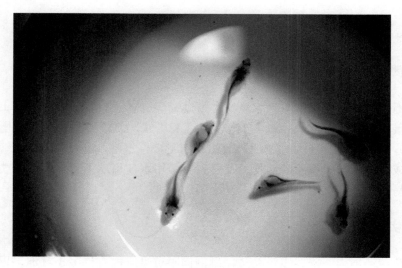

图 7-1　鲟苗鳔充气

三、防治方法

　　减少鱼苗鱼种池的水源曝气，消除入水口气泡的产生；对鱼苗鱼种鳔充气、使其腹部膨胀，然后采用针穿刺放气的方法，使小鱼恢复游泳，与未患气泡病者一样能正常活动。但是，这种个体化治疗措施不利于实际应用。

第二节　脊椎弯曲（弯体病）

一、病因

该病主要是在苗种阶段因受伤所致，苗种分级筛选时操作不慎，计数时无水操作都可引起脊索发生弯曲。

二、症状

脊索弯曲，身体呈"S"或"V"形，游泳能力差，不利摄食。

三、防治方法

在鲟幼体时，应选择光滑、网目细小的网具，操作轻柔小心，避免动作粗暴而使鱼体受伤。

第三节　气　泡　病

一、病因

气泡病多是因为水中氮气或氧气含量过饱和（氮气饱和度达 125% 以上时即会发生氮气所引起的气泡病；在氮气饱和度达 130% 以上时，短时间内即会引发致命的危害），使得鱼的肠道、鳃、肌肉等组织内形成微气泡，进而使微细血管产生栓塞，造成组织水肿等现象，而使鱼死亡。养殖用水使用地下深层水或自喷地表水时，极易取到氮气过饱和的水而引发此病。

二、症状

病鱼游动能力下降、上浮贴边，解剖肉眼可见肠内有许多小气泡，胃内有气泡。刘富强和任平华（2018）发现匙吻鲟患气泡病后，其死鱼表现症状为吻部及下巴出现许多排列不规则的小气泡，间隙充血，口微张，四周红肿。腹部有些胀，轻挤有黄色黏液流出，但肛门没有红肿现象。何海龙和李虹娇（2018）发现史氏鲟患气泡病后，肉眼观察，可见在口前两侧的两条沟裂内有许多呈线形排列的气泡；剖腹可见部分胃内有食物，肠内有黄色黏液和气泡。镜检鳃丝发白，鳃丝间黏液较多，有许多小气泡，鳃丝完整。

三、防治方法

1. 预防方法

减少水源过度曝气，防止水源中气体过饱和；幼鲟转食期间，池中充气头罩上网罩，可避免鲟误食气泡。

2. 治疗方法

冲注清水，开增氧机曝气；全池泼洒食盐，使池水浓度为 0.5%；把有病的鱼收集到经处理过的较低温水中，加大水流速度，增加鱼的运动量，使鱼通过体循环，较快地排出体内气泡；捞取病鱼，转入清水中暂养，隔日（第 2 天）再全池泼洒二氧化氯，浓度 0.3 g/m^3，以预防继发性细菌感染。

第八章　非生物因素引起的鲟病害

一、碰撞损伤引起的疾病

中华鲟是一种江海洄游性鱼类，偏冷水性，其生活史复杂，拥有特别的生理机制，能适应多样的环境。中华鲟在海区主要栖息在我国近海的大陆架水域，平均栖息水深约为 22 m；在淡水中多在深槽沙坝，即沿江河道水深且多沙丘的地方游移，也喜欢在水的表层活动，通过控制游泳速度和身体倾斜度等行为来保持在水中的浮力。中华鲟一般沿直线或非常平缓变化的曲线行进，游泳速度相对比较缓慢，受水流刺激较小，受惊扰时速度加快，甚至蹿出水面。侧线是鱼类的重要感觉器官，在鱼类的运动、觅食和感受环境变化中起着重要的作用，但中华鲟的侧线系统相对不发达，头部侧线分支较少，躯干部侧线管只有一条。陷器是中华鲟极其重要的感觉器官，分布在吻的背腹面及两侧，头部的眼眶上下等处亦有零星分布，吻部腹面的陷器数量占绝大多数，在中华鲟的运动、摄食等行为中起到了决定性作用。中华鲟的鳔一室，较原始，依靠吞食空气来使其鼓起，因此，在不同水深所受的浮力会影响其行为的变化。

中华鲟在运动期间经常会出现碰撞和摩擦，造成表皮损伤，受伤的部位多以头部和腹部较常见，如不能及时痊愈，会引起溃烂发炎，随后病灶处会逐步增大扩散，容易被病菌侵入或寄生，造成更严重的伤害，有的甚至会危及生命。造成这些伤害与中华鲟的感觉器官、生活习性和环境变化等有关。中华鲟运动中，若与其他个体、池壁等相撞或接近碰撞时才会调整游动方向，运动方向改变时较不灵活。它的这种特性相对其他鱼类而言，比较容易发生碰撞，造成损伤，特别是在急剧的应激环境中，因碰撞引起的伤害会有明显的增多和加重。

二、误吞异物引起的疾病

中华鲟是典型的底栖性鱼类，其口裂大，居下位，这种特定的口位，对其摄食有一定的限制，仅适于捕食底栖食物。中华鲟仅对吻部腹面下方很近距离的食物有摄食反应，对头部两侧的食物反应较差，对远距离食物无趋近行为，表明视觉和嗅觉远距离感觉器官在摄食行为中的作用不大。中华鲟头部前下方有须，须部和唇部都存在有大量的味蕾，近距离嗅觉相对发达，味蕾在摄食习性中起着相当重要的作用，另外，在吻的背腹面及两侧和头部的眼眶上下都分布有陷器，这些感觉器官对中华鲟在探寻和发现、辨认和选择、摄食时方向和姿势的调整上有一定的辅助功能。中华鲟是以动物性食物为主的杂食性鱼类，摄食方式主要是在水底游动时以吸吮方式摄食底质上的食物，有时也用吻部翻掘底质寻找食物。中华鲟的这种摄食方式及其对环境感觉的不太灵敏会较易误食水体底部的异物造成损伤而引起口腔及消化道疾病。

中华鲟的口咽腔内有不发达的舌，在幼鱼期有齿，长大后无齿，整个口咽腔较大，一次可吞食较多的食物。中华鲟的食道内有较多的纵行黏膜褶，这种黏膜褶较粗大，在摄取较大的食物时可以及时扩大食道面积，便于临时储存食物和加速食物消化。中华鲟在刚开始摄食外界食物时，即刚开口的仔鱼主要靠视觉来摄食，在仔鱼阶段主要以浮游动物为食，摄取的食物较小，一般很少会因摄食造成损伤。但在中华鲟逐步成长为成鱼后，在其他感觉形成后，不断探索食物，当触到食物后才开口咬住并吞下，这种摄食方式与它的吻痕长及口下位紧密相关，正是这种吮吸的摄食方式及相对弱的感觉器官，很容易将非食物的异物当成食物而摄入体内，特别是一些有锐利棱角的石块或其他异物，很容易造成口腔和消化系统的损伤。一般来说如果摄入较小光滑的异物，只要能进入食道，可以随着消化道内的食团蠕动及时排出体外，很少会造成出血或其他损伤；如果带有锐利棱角的异物，则会出现划破消化道内黏膜而出血，造成破损伤害，影响消化、排泄等功能；如若摄入个体较大的异物，则容易长期滞留在消化道内造成伤害。部分大型的异物可以通过手术取出，但对一些小型的异物很难清理出来，容易造成长久的损伤而危及健康甚至生命。

三、船舶击伤引起的疾病

船舶是导致中华鲟受伤、死亡的重要原因。中华鲟作为底栖性鱼类，但也有周期性浮露水面的行为，现实中经常会发现中华鲟被船舶螺旋桨打伤身体的头部、背部和尾部，有的甚至打死。科研工作者根据对葛洲坝产卵江段误捕和科研捕捞中华鲟的机械损伤情况统计，接近一半的中华鲟成鱼存在螺旋桨损伤的疤痕。

中华鲟成鱼均有垂直游泳的行为，平均每小时达到水面或出水 0.35 次，平均水深约 9.9 m，垂直游泳时间所占比例为 64%，一个垂直游泳周期持续时间为 100～1000 s，很多时间在贴近河床底部游泳。垂直游泳过程中，中华鲟上升游泳和下潜游泳的头部仰角和俯角约为 $10°$。在非垂直游泳时间里，中华鲟的游泳深度变化较小，身体接近水平。中华鲟有出水行为，在出水游泳过程中，游泳速度显著增加，尾摆力度明显增强，上升仰角达 $80°$，停留时间 1～2 s。到达水面后，游泳速度明显降低，下潜俯角至 $70°$，在随后的下降过程中，游泳速度，尾摆频率、尾摆力度和倾角开始下降，但是尾摆一直处于摆动状态。浅水区容易出水，深水区活动时，大多数时间躺在河床上，很少活动，偶尔会离开河床，没有出水行为。频繁的航运活动及船舶噪声给中华鲟造成较大影响，也使得螺旋桨击伤击死中华鲟的概率增加。

四、非法捕捞引起的疾病

电捕、药捕和炸捕等是很多地区非法捕捞的主要方式。其中电捕占比例最高，被电流击中的鱼非死即伤，侥幸存活的鱼无论是成体还是幼体，基本都失去交配、产卵，孕育等繁殖能力，电捕易使中华鲟遭遇灭顶之灾。药捕使农药中的有毒污染物沾染、沉积在水生植物和底泥上不易分解，易使水体长时间受二次污染，严重破坏水域生态环境，降低水体质量，被污染的水体从上游顺流而下，形成有毒害水体带，危及沿途生产生活用水安全。炸捕是非法捕捞者将雷管等爆炸物品投入水中，利用爆炸形成的冲击波将鱼震死震晕。这些非法捕捞方式会对中华鲟个体及群体造成很大伤害。

五、水环境污染引起的疾病

随着经济社会的不断发展，航运、筑坝、航道建设、水污染和城市化等各种人类活动对中华鲟的生活环境造成了一定的威胁，中华鲟群体规模急剧下降，物种延续面临严峻挑战。

船舶尾气排放、水上航运突发事故、污水和垃圾直排及搅动重金属底泥等引起的中华鲟生活环境污染问题日益严重。内河船舶大部分使用燃料油，其释放的尾气已成为沿江城市的重要污染源。船舶倾倒的生活污水，在航运中如船只相撞、危险货物运输造成的污染泄漏等突发事故也很容易引起水体污染。另外船底搅动重金属底泥是造成底泥污染的最大诱因，主要是因为含有重金属底泥被船只螺旋桨搅动产生的污染在环境中很难降解，形成长期性的污染，对鱼类产生持久性的危害。

我国近海海域总体污染形式也较为严峻，主要体现在以下几个方面：①污染物种类增加，形成复合污染。特别是多环芳烃、有机氯农药、多氯联苯类等持久性有机污染物，以及铊、铍、锑等重金属。②每年通过主要河流携带入海排污口特征污染物，如持久性有机污染物、环境内分泌干扰物、国际公约禁排物及剧毒重金属等的超标排放及邻近海域沉积物呈现逐年增加的趋势。③大部分海湾、河口、滨海湿地等生态系统仍处于亚健康或不健康状态，主要体现在水体富营养化及营养盐失衡、赤潮频发、河口产卵场退化、生境丧失或改变、生物群落结构异常等。④近海海域沉积物质量及海水增养殖区环境状况存在潜在风险，部分贝类体内污染物，如石油烃、砷、重金属、滴滴涕、多氯联苯类等残留水平较高。很多污染物对鱼类有一定的毒性影响，可引起鱼类的急性中毒，并可诱导鱼类产生微核，同时很多污染物的为害也是长期的，生活在污染水域中的中华鲟也难免逃脱。

工农业的快速发展，特别是化工、造纸、灰渣等未经完全处理的废水、废渣排入，会引起局部水域受到严重污染，在水面经常会出现大量泡沫、灰渣等污染物，尤其是在夏季高温季节，可直接导致鱼类的大批死亡。特别是水底沉积很厚的残渣和纤维等污染物，对中华鲟的危害更为直接，易发生慢性中毒。经调查，生活在这些水域的中华鲟不少已患有慢性病。生理、生化及组织病理学检查表明，中华鲟体色加深，鳃部充血，体内的肝组织已坏疽、肿大、有结节，有些个体甚至已发生不同程度的肝组织癌变。红细胞、血小板和血红蛋白含量降低，鱼体内重金属含量较高。另外，电离辐射也会对水生生物产生慢性影响，在被放射性废物污染的水域中，中华鲟的生命力会下降，再生功能遭到破坏，如果放射性物质较高会造成中华鲟在此区域的绝迹（危起伟等，2019）。

第九章　鲟病害预警与防治

随着鲟养殖密度的增加和养殖时间的延长，鲟疾病频繁发生，既有零星死亡，也有大范围感染。无论是我国特有鲟的物种资源保护，还是商品化鲟的养殖，疾病的预防、控制和预警都具有极为重要的意义。2019 年，鲟病害导致的损失数据并不清楚，未在全国进行统计。然而，我国渔业因病害损失数额较大，约 171 380 t，经济损失 23.1 亿元（2020，渔业统计年鉴）。说明了渔业病害的严重性、高风险性和渔业养殖的病害预警的重要性。截至目前，鱼类的疾病预防控制和预警一直都处于薄弱环节。作者简要梳理了做好鲟及其他鱼类病害预警的几个方面，希望能够引起相关人员的重视。

一、流行病学调查

流行病学调查主要在养殖现场进行，针对的是发病群体和整个养殖环境。通过流行病学调查，掌握鲟易感的疾病，并对易感疾病进行分类，不同级别和性质采取的防控手段不同。

主要调查内容如下。

（1）疾病发生的形式：疾病在养殖群体中的流行强度，如属于地方流行、流行、大流行、散发流行。

（2）疾病发生的度量：疾病在不同时间、不同地区和不同群体中的频率，如发病率、死亡率、病死率、患病率、感染率等。

（3）疾病在种群中的分布：对不同年龄、性别、种和品种等特征的种群，进行发病率、患病率和死亡率水平的描述和比较，从而了解影响疾病分布的因素、探索病因，并为防治工作提供依据。

（4）疾病随时间变化：疾病的时间分布和变化，判断传染病疫情的发展动态。

（5）疾病的地区分布：疾病的分布往往具有明显的地区性，有些疾病可以遍布全球，有些疾病只分布在一定地区。即使是同一种疾病，在不同地区不同养殖场的发病率往往也不一致。影响疾病地区分布的因素十分复杂，如自然因素、媒介生物、中间寄主、贮存和终末寄主的分布，饲养管理水平和公共卫生状况等，都能影响疾病的地区分布。

（6）感染的传播和维持：感染的传播可分为水平传播和垂直传播两种。感染的维持则依靠病原体对宿主内、外不利环境的抵抗，如分枝杆菌感染鲟形成结节等。

（7）环境因素：水生动物受环境影响很大，疾病的发生、发展和流行均与养殖环境有关。调查内容应包括物理和化学因子，如水温、光照、溶解氧、酸碱度、盐度、耗氧量、氨氮、亚硝酸等其他水质情况；水域中的生物因子，如饵料生物和底栖生物等，通过调查探索环境因子与疾病发生的关系和规律。

二、监测预警软件的开发

水产养殖对象特殊，环境复杂，影响因素众多，精准地监测、检测和优化控制极其困难。水产养殖大数据技术是大数据技术在水产养殖领域的具体应用技术，通过对水产养殖数据进行获取、分类、加工、管理、挖掘分析，最终把有价值的信息提取出来，提供给生产者和决策者，进而实现水产品的精准化、智能化和最优化养殖（段青玲等，2018）。

为了及时预防和降低水产养殖病害的破坏程度，利用数字化、网格化、智能化等先进的现代信息技术，构建基于 web 的鱼病远程监测预警与诊断系统（remote monitoring and warning system of fish diseases diagnosis，RMWSFD），可以实时监测预报鱼病发生情况，为水产病害的及时诊断、适时防治提供技术支持（温继文等，2008）。

近年来，我国许多学者在水产动物疾病诊断与防治模型与专家系统的研究上开展了一些研究，开发了多种水产动物疾病防控专家系统。王成志等（1997）开发了可以对鱼病进行诊断和治疗的专家系统；丁文和牛艳刚（2003）开发了可供生产管理部门参考的专家系统；温继文等（2008）首次开发了基于 UML 鱼病远程监测预警诊断系统；段金荣等（2008）研究了基于 WebGIS 水产动物疾病专家系统；陈中旭等（2010）使用遗传算法对渔业养殖疾病进行预测。目前，水产养殖疾病预测诊断正在向着与 GIS、神经网络等技术相结合的方向发展。BP 神经网络模型具有知识获取效率更高、拥有并行推理和适应性学习能力、容错力高等优势（陈浩成等，2014）。鲟预警软件开发，需要体现各级部门之间的协同合作，既要有第一线的养殖基地，又要有中间上传下达的管理部门、还要有鱼病诊断专家的参与，同时也要有渔业主管部门的政策部署等。

2016 年农业农村部长江渔业监督管理办公室组织开展了全国范围的中华鲟人工养殖普查工作，摸清了我国中华鲟以及其他鲟的养殖地点、养殖条件和养殖数目等情况。虽然鲟的保护和养殖预警系统尚未建立起来，但是在此基础上，可以进一步开展鲟预警相关软件开发，通过快速、精准的预测和信息收集，达到保护养殖的目的。

三、加强鲟基础应用研发

近年来，随着我国鲟养殖业的蓬勃发展以及鲟保护意识的加强，有关鲟的基础研究逐渐推进，在对鲟倾注一生的老一辈科学家的带领下，有一批年轻的骨干科学家从事鲟的基础研究，包括鲟的养殖和繁育、繁殖生理学、自然种群监测等。然而，有关鲟的病害和免疫，一直没有得到足够的重视，依旧是薄弱环节。

1. 早期诊断

早期诊断可提前预警鲟易感的重大疾病的发生和流行。然而，鲟易感疾病的诊断试剂的研发非常滞后，仅仅处于实验室的诊断阶段，如 PCR 诊断、细菌的分离培养鉴定、切片观察等抗原诊断。尚未有商品化的试剂盒应用于鲟的疾病早期和快速诊断，血清学诊断也尚未开展。因此，应加强中华鲟易感疾病的快速诊断技术的研发和临床应用。

2. 中草药制剂的开发和应用

随着鲟养殖的快速发展，在鲟养殖的各个阶段均出现多种细菌性疾病，例如非结核分枝杆菌（张书环等，2017；Zhang et al.，2018；Huang et al.，2019）、链球菌、气单胞菌（Di et al.，2018）、脑膜败血伊丽莎白菌（邸军等，2018）等的感染和流行，既对鲟的物种保护造成严重威胁，又对鲟养殖产业造成了巨大的经济损失，严重制约了全国水产养殖业的健康发展。临床上，治疗鲟细菌病采用多种抗生素联合治疗，然而治疗周期长、治愈率低。同时大剂量使用抗生素，不仅造成药物残留，也容易产生耐药性菌株，因此寻找合适的抗生素替代品来控制鲟细菌病是当前鲟产业化的需求。中兽药在兽医临床应用广泛，具有毒副作用小、无药残、能提升机体抗病能力等特点。近年来有少量关于鲟病害的中草药防治相关研究，但大多局限在中草药的体外抑菌试验，尚未开展中草药防治鱼类细菌病的深入系统研究。姚丽等（2020）采用 30 种中草药对鲟源海豚链球菌的体外抑菌作用，发现黄连、黄芩、连翘、丁香、秦皮对鲟源海豚链球菌具有较好的防治效果。唐黎等（2018）开展了杂交鲟中草药免疫增强剂的体外快速筛选研究，发现生地适合作为杂交鲟的候选免疫增强剂。线婷等（2018）开展黄芪、甘草、茯苓对史氏鲟非特异性免疫功能的影响，发现 3 种中草药对史氏鲟血清中蛋白含量白细胞吞噬能力和部分免疫器官中溶菌酶活性均有一定提高和促进作用，其中黄芪可能对鱼体抗热应激起到一定作用。然而有关鲟中草药抗病的研究较少，特别是关于鲟目前较为易感的分枝杆菌病，没有中草药防治研究的报道。鲟养殖时间长，投入巨大，特别是鲟在一些特殊的阶段易患不同的疾病，如幼龄阶段易患肠炎；老年、性成熟鱼易患分枝杆菌病；

转换饲养场地后容易应激或擦伤等，因此可研制不同阶段鲟的中草药添加剂，使人工养殖的鲟能够平稳渡过这些患病时期。

3. 疫苗的研发

尽管鲟易患多种疾病，但是鲟疫苗的研究一直没有得到足够的重视。针对鲟易感的分枝杆菌病已经开展了灭活疫苗的相关研究，但是距离临床应用还为时尚早。加强鲟易感疾病的疫苗研究是控制和预防鲟重大传染病的重要方法。然而，目前鲟疫苗研发的经费投入严重不足，甚至零投入，相关的科研机构只能自筹经费，因此研究速度和程度都受到严重影响，渔业部门应加强鲟的疫苗研发投入，从而保障我国鲟产业的健康、有序发展。

参 考 文 献

曹海鹏, 杨先乐, 高鹏, 等. 2007. 鲟细菌性败血综合征致病菌的初步研究. 淡水渔业, 37(2): 53-56.

陈德芳, 杨飞, 郑婷. 2019. 流水养殖鲟鱼"桑葚心"与海豚链球菌感染防治探讨. 科学养鱼, (10): 48-49.

陈浩成, 袁永明, 张红燕, 等. 2014. 池塘养殖疾病诊断模型研究. 广东农业科学, 7: 186-189.

陈锦富, 叶锦春. 1983. 长江拟马颈鱼蚤的一新亚种. 动物学报, 1983: 358-362.

陈晓军. 2020. 鲟鱼养殖产业现状及疾病防治技术. 江西水产科技, 1: 29-31.

陈中旭, 高鹏, 李美生, 等. 2010. 基于遗传神经网络的渔业养殖疾病预测. 现代农业科技, 1(3): 11-12.

初小雅. 2016. 斑马鱼胸腺和头肾的结构特征及其组织样品的制备程序. 南京: 南京农业大学, 16-17.

邓梦玲, 耿毅, 刘丹, 等. 2015. 西伯利亚鲟海豚链球菌的分离鉴定及毒力基因检测. 水产学报 (1): 130-138.

邓梦玲. 2016. 鲟源海豚链球菌的分离鉴定及荚膜多糖基因的进化分析. 四川农业大学硕士学位论文.

邸军, 张书环, 黄君, 等. 2018. 中华鲟脑膜败血伊丽莎白菌的分离鉴定及药敏特性研究. 水产学报, 42(1): 120-130.

丁庆秋, 万成炎, 易继舫, 等. 2011. 匙吻鲟全人工繁殖技术规程. 水产养殖, 9: 26-27.

丁瑞华. 1994. 四川鱼类志. 四川: 四川科学技术出版社.

丁文, 牛艳刚. 2003. 鱼病诊断与鱼病诊断专家系统设计. 北京水产, 5(3): 19-26.

杜佳垠. 2007. 鱼类分枝杆菌病危害状况与研究进展. 北京水产, (4): 31-35.

段金荣, 张红燕, 刘凯, 等. 2008. 基于 WebGIS 水产动物疾病专家系统的设计与实现. 中国农业科技导报, 10(5): 99-103.

段青玲, 刘怡然, 张璐, 等. 2018. 水产养殖大数据技术研究进展与发展趋势分析. 农业机械学报, 49(6): 1-16.

房海, 陈翠珍, 张晓君, 等. 2009. 水产养殖动物病原细菌学. 北京: 中国农业出版社.

龚全, 刘亚, 杜军, 等. 2013. 达氏鲟全人工繁殖技术研究. 西南农业学报, 26(4): 1710-1714.

郭柏福, 常剑波, 肖慧, 等. 2011. 中华鲟初次全人工繁殖的特性研究. 水生生物学报, 35(6): 940-945.

郭琼林, 卢全章. 1994. 草鱼肾脏、脾脏血细胞发育过程超微结构与细胞化学的研究. 水生生物学报, (3): 240-246.

韩丽军. 2019. 鲟鱼养殖常见病害的发生原因及防控对策. 畜牧兽医科技信息, 2: 139-140.

何海龙, 李虹娇. 2018. 史氏鲟常见病害及其预防. 黑龙江水产, 6: 27-29.

贺艳辉, 袁永明, 张红燕, 等. 2019. 中国鲟鱼产业发展现状, 机遇与对策建议. 湖南农业科学, 7: 118-121.

胡红霞, 刘晓春, 朱华, 等. 2007. 养殖俄罗斯鲟性腺发育及人工繁殖. 中山大学学报: 自然科学版, 46(1): 81-85.

胡俊. 2017. 肠道粘附菌群稳态作为鱼类健康评价指标的探究. 华中农业大学博士学位论文.

江南, 范玉顶, 周勇. 2016. 鲟病原性疾病研究现状概述. 水生态学杂志, 37(2): 1-9.

雷雪彬. 2013. 草鱼免疫器官个体发育的组织结构和免疫细胞变化. 上海: 上海海洋大学硕士学位轮胎: 35-38.

李长玲, 曹伏君. 2002. 花尾胡椒鲷脾脏和头肾显微结构的观察. 海洋通报, 21(2): 30-35.

李芳. 2019. 胭脂鱼运动型气单胞菌败血症及扁弯口吸虫病初步研究. 西南大学博士学位论文: 5-8.

李风铃. 2009. 鱼类适应性免疫系统的早期发生以及 *Ikaros* 基因的克隆和表达. 中国海洋大学博士学位论文: 3-12.

李海平. 2012. 大黄鱼免疫增强剂的筛选及应用效果分析. 集美大学硕士学位论文: 1-3.

李美英. 2007. 河北省养殖冷水鱼寄生虫病的初步调查和防治研究. 河北师范大学硕士学位论文.

李文龙, 石振广, 王云山, 等. 2009. 养殖达氏鳇人工繁殖的初步研究. 大连水产学院学报, 1: 157-159.

李育东, 张忠亮. 2011. 鲟鱼常见疾病及防治. 黑龙江水产, (3): 42-43.

连浩淼, 李绍戊, 张辉, 等. 2015. 三北地区冷水鱼常见病原菌的分布及药敏试验. 江西农业大学学报, 37(2): 339-345.

刘富强, 任平华. 2018. 北方池塘匙吻鲟养殖常见病害防治技术. 水产养殖, 2: 6-9.

刘广根, 廖再生, 袁美玲, 等. 2015. 鲟鱼养殖常见病害及其防治方法. 渔业致富指南, (4): 48-52.

刘明生, 李川. 2012. 杂交鲟幼鱼烂鳃病、气泡病组织病理性观察. 河北渔业, (3): 28-31.

刘小玲. 2006. 应激对黄颡鱼非特异性免疫细胞的影响. 华中农业大学博士学位论文: 20.

马红, 常藕琴, 石存斌, 等. 2007. 鳜淋巴器官的个体发育. 中国水产科学, 14(5): 756-761.

马燕梅, 林树根, 陈文列, 等. 2008. 花鲈胸腺显微结构与超微结构的研究. 福建农业学报, 23(2): 145-148.

孟庆闻, 李婉端, 苏锦祥. 1987. 鱼类比较解剖. 北京: 科学出版社: 251-262.

农业农村部渔业渔政管理局, 全国水产技术推广总站, 中国水产学会. 2018. 中国渔业统计年鉴2018. 北京: 中国农业出版社.

潘康成, 方静. 2002. 齐口裂腹鱼胸腺组织学研究. 四川农业大学学报, 20(3): 262-266.

潘鹏, 刘晓勇, 齐茜, 等. 2015. 鲟鱼的常见病害防治. 中国水产, 9: 89-91.

庞景贵, 刘丽杰, 陈力. 2002. 世界鲟鱼类资源及其养殖前景. 淡水渔业, 32(1): 53-55.

彭爽. 2019. 海豚链球菌致西伯利亚鲟肠道炎症及菌群结构影响的研究. 四川农业大学硕士学位论文.

曲秋芝, 孙大江, 马国军, 等. 2002. 施氏鲟全人工繁殖初报. 中国水产科学, 9(3): 277-279.

邵庆均. 2001. 北美鲟鱼种类及其生物学. 淡水渔业, 31(3): 7-9.

史则超. 2007. 南方鲇主要免疫器官发育的研究. 华中农业大学硕士学位论文: 25-27.

宋炜, 宋佳坤, 范纯新, 等. 2010. 全人工繁殖西伯利亚鲟的早期胚胎发育(中文版), 34(5): 777-785.

苏友禄, 冯娟, 郭志勋, 等. 2008. 军曹鱼淋巴器官发育的形态学研究. 海洋水产研究, 29(4):

7-14.

孙裔雷, 王荻, 刘红柏. 2015. 复方中草药对施氏鲟非特异性免疫功能的影响. 中国农学通报, 31(8): 45-49

孙裔雷. 2015. 闪光轉中草药免疫增强剂的筛选及其非特异性免疫增强效果的研究. 南京农业大学硕士学位论文.

唐黎, 龚芦玺, 姜海波, 等. 2018. 杂交鲟鱼中草药免疫增强剂的体外快速筛选研究. 贵州畜牧兽医, 42(6): 5-9.

田甜, 杨元金, 王京树, 等. 2012. 鲟鱼病害研究进展. 湖北农业科学, 51(3): 559-563.

田甜, 张德志, 杜合军. 2018. 中华鲟主要细菌性疾病及其临床诊断与防控. 水产科学, 37(6): 800-805.

佟雪红, 徐世宏, 刘清华, 等. 2011. 大菱鲆早期发育过程中免疫器官的发生. 海洋科学, 35(6): 62-67.

佟雪红. 2010. 大菱鲆早期发育及其相关生理特性研究. 北京: 中国科学院: 53-54.

汪建国. 2013. 鱼病学. 北京: 中国农业出版社: 305-314.

汪笑宇, 战文斌, 邢婧, 等. 2008. 豚链球菌和停乳链球菌类 M 蛋白及其抗原性分析. 水产学报, 32(6): 945-949.

王成志, 黄少涛, 纪荣兴. 1997. 鱼病诊疗专家系统——"鱼医生". 集美大学学报, 2(3): 35-41.

王荻, 刘红柏, 卢彤岩, 等. 2008. 鲟鱼病毒性疾病研究进展. 水产学杂志, 21(2): 84-89.

王静波, 贾丽, 曹欢, 等. 2016. 引起鲟鱼暴发性死亡病因分析. 中国水产, (12): 114-117.

王均. 2017. 海豚链球菌 α-烯醇化酶(α-enolase)功能鉴定及其对斑点叉尾鮰的免疫保护效果研究. 四川农业大学博士论文.

王铁峰. 2011. 猪牛源非结核分枝杆菌分离鉴定及其主要基因的分析研究. 吉林农业大学博士学位论文.

王小亮, 徐立蒲, 曹欢, 等. 2013. 鲟致病性类志贺邻单胞菌的鉴定及药物敏感性. 微生物学报, 53(7): 723-729.

王小亮, 徐立蒲, 王静波, 等. 2014. 杂交鲟海豚链球菌的分离、鉴定及药物敏感性. 微生物学报, 54(4): 442-448.

王新栋, 孙雪婧, 刘恩雪, 等. 2019. 斑马鱼脾显微与超微结构. 动物学杂志, 54(2): 222-235.

王艳艳, 李正友, 蒋晓红, 等. 2014. 鲟鱼细菌性败血症研究进展. 中国预防兽医学报, 38(2): 65–68.

王玉堂. 2015. 水产养殖用水体消毒剂及其使用技术(连载一). 中国水产, (1): 50-54.

危起伟, 等. 2019. 中华鲟保护生物学. 北京: 科学出版社: 192-195.

危起伟, 杨德国. 2003. 中国鲟鱼的保护、管理与产业化. 淡水渔业, 33(3): 3-6.

魏宝成, 刘兴国, 陆诗敏, 等. 2018. 鲟鱼养殖系统研究进展. 中国水产, (4): 95-97.

温继文, 李道亮, 陈梅生, 等. 2008. 基于 UML 的鱼病远程监测预警与诊断系统. 农业工程学报, 9(24): 166-171.

温龙岚, 姚艳红, 王志坚. 2006. 吻鮈、圆筒吻鮈和福建纹胸鮡脾脏的组织学初步观察. 遵义师范学院学报, 8(6): 49-51.

温龙岚, 姚艳红, 王志坚. 2009. 贝氏高原鳅肾脏发育研究. 西南师范大学学报(自然科学版), 34(3): 179-183.

吴金明, 王成友, 张书环, 等. 2017. 从连续到偶发: 中华鲟在葛洲坝下发生小规模自然繁殖. 中国水产科学, 24(3): 425-431.

吴金英, 林浩然. 2003. 斜带石斑鱼淋巴器官个体发育的组织学. 动物学报, 49(6): 819-828.

吴金英, 林浩然. 2008. 斜带石斑鱼胸腺的显微和超微结构. 动物学报, 54(2): 342-355.

夏露, 熊冬梅. 2008. 鲟鱼常见病害的防治. 渔业致富指南, 10: 56-58.

夏美. 2018. 鲟鱼人工养殖病害发生的原因及防控对策. 现代农业研究, (2): 46-47.

线婷, 王荻, 刘红柏. 2018. 黄芪、甘草、茯苓对施氏鲟非特异性免疫功能的影响. 大连海洋大学学报, 33(3): 365-369.

肖克宇. 2011. 水产动物免疫学. 北京: 中国农业出版社: 161-167.

肖艳翼, 王斌, 夏永涛, 等. 2015. 鲟病原性温和气单胞菌的分离鉴定及药敏试验. 南方农业学报, 46(10): 1909-1914.

肖志忠, 于道德, 孙真真, 等. 2008. 条斑星鲽免疫器官个体发生的组织学观察. 海洋科学, 32(7): 90-94.

谢碧文, 张未丽, 张耀光, 等. 2010. 瓦氏黄颡鱼和岩原鲤脾脏的组织学观察. 四川动物, 29(2): 212-214.

谢海侠, 聂品. 2003. 鱼类胸腺研究进展. 水产学报, 27(1): 90-96.

徐革锋, 刘洋, 牟振波, 等. 2012. 细鳞鲑早期发育过程中免疫器官发生. 中国水产科学, 19(4): 568-576.

徐祥, 李华, 叶仕根, 等. 2014. 杂交鲟嗜水气单胞菌病的组织病理学研究. 大连海洋大学学报, 29(3): 227-231.

徐晓津, 王军, 谢仰杰, 等. 2008. 大黄鱼头肾免疫细胞研究. 海洋科学, 32(11): 24-28.

徐晓津, 翁朝红, 王军, 等. 2007. 大黄鱼早期发育过程中免疫器官的发生. 海洋学报, 29(3): 105-113.

徐燕, 谈智, 陈越英, 等. 2010. 三种常用消毒剂对分枝杆菌杀灭效果的观察. 中国消毒学杂志, 27(6): 653-654, 657.

杨华莲, 张黎, 徐晓玲, 等. 2016. 2015 年北京市鲟鱼种业发展报告(一). 中国水产, (4): 94-97.

杨移斌, 夏永涛, 赵蕾, 等. 2013. 鲟鱼养殖常见疾病及防治. 水产养殖, 34(2): 46-48.

姚丽, 董春燕, 陈江凤, 等. 2020. 30 种中草药对鲟鱼源海豚链球菌的体外抑菌作用. 水产科学, 39(1): 111-116.

岳兴建, 张耀光, 敖磊, 等. 2004. 南方鲇头肾的组织学和超微结构. 动物学研究, 25(4): 327-333.

战文斌. 2004. 水产动物病害学. 北京: 中国农业出版社: 142-152.

张德锋, 李爱华, 龚小宁. 2014. 鲟分枝杆菌病及其病原研究. 水生生物学报, 38(3): 495-504.

张德锋. 2013. 鲟分枝杆菌病和罗非鱼无乳链球菌病及其分子流行病学研究. 中国科学院水生生物研究所博士学位论文.

张海耿, 倪琦, 刘晃. 2016. 我国鲟鱼养殖设施的现状与发展对策. 渔业现代化, 43(6): 65-69.

张建明, 姜华, 张德志, 等. 2016. 中华鲟幼鱼水霉病的诊治实例. 科学养鱼, (10): 66.

张明洋, 胡东安, 程振涛, 等. 2019. 杂交鲟类志贺邻单胞菌的分离鉴定及耐药性分析. 中国畜牧兽医, 46(1): 264-270.

张奇亚, 桂建芳. 2012. 水生病毒及病毒病图鉴. 北京: 科学出版社.

张书环, 聂品, 舒少武, 等. 2017. 子二代中华鲟分枝杆菌感染及血液生理生化指标的变化. 中国水产科学, 24(1): 136-145.

张晓雁, 李罗新, 危起伟, 等. 2011. 养殖密度对中华鲟行为、免疫力和养殖环境水质的影响. 长江流域资源与环境, (11): 1348-1354.

张训蒲, 熊传喜. 1993. 黄鳝造血器官的组织学观察. 华中农业大学学报, 12(3): 285-288.

张艳珍, 王彦鹏, 危起伟, 等. 2018. 中华鲟外周血细胞组成及形态观察. 水生生物学报, 42(2): 323-332.

张翊, 卢建平, 叶淼. 2006. 四种结核分枝杆菌检测方法的临床应用评价. 中国防痨杂志, 28(1): 14-17.

张玉喜. 2006. 重要海水养殖鱼类 MHC II 基因克隆、表达及多态性分析. 中国海洋大学硕士学位论文: 1-8.

赵荣兴. 1996. 日本鲟鱼养殖技术现状. 现代渔业信息, 11(11): 10-12.

郑李平, 耿毅, 雷雪平, 等. 2018. 鲟海豚链球菌的分离鉴定及其感染后的病理损伤. 浙江农业学报, 30(2): 203-210.

郑世军. 2015. 动物分子免疫学. 北京: 中国农业出版社: 14.

钟明超, 黄浙. 1995. 鲇鱼淋巴器官的发育. 水产学报, 19(3): 258-262.

周晓华. 2015. 鲟鱼子酱产业现状分析. 水产学杂志, (4): 48-52.

周玉, 郭文场, 杨振国, 等. 2002. 欧洲鳗鲡外周血细胞的显微和超微结构. 动物学报, 48(3): 393-401.

周玉, 潘风光, 李岩松, 等. 2006. 达氏鳇外周血细胞的形态学研究. 中国水产科学, 13(3): 480-484.

朱永久 危起伟, 杨德国, 等. 2005. 中华鲟常见病害及其防治. 淡水渔业, 35(6): 47-50.

Abalain-Colloc M L, Guillerm D, Salaun M, et al. 2003. *Mycobacterium szulgai* isolated from a patient, a tropical fish and aquarium water. European Journal of Clinical Microbiology and Infectious Diseases, 22(12): 768-769.

Abbott S L, Cheung W L, Janda M, et al. 2003. The genus *Aeromonas*: biochemical characteristics, atypical reactions, and phenotypic identification schemes. Journal of Clinical Microbiology, 41(6): 2348-2357.

Abdel A E, Suzan B. 2010. Haemopoiesis in the head kidney of tilapia, *Oreochromis niloticus* (Teleostei: Cichlidae): a morphological (optical and ultrastructural) study. Fish Physiology and Biochemistry, 36: 323-336.

Abelli L, Picchietti S, Romano N, et al. 1996. Immunocytochemical detection of thymocyte antigenic determinants in developing lymphoid organs of sea bass *Dicentrarchus labrax* (L.). Fish & Shellfish Immunology, 6(7): 493-505.

Adel M, Nayak S, Lazado C C, et al. 2016. Effects of dietary prebiotic GroBiotic®-A on growth performance, plasma thyroid hormones and mucosal immunity of great sturgeon, *Huso huso* (Linnaeus, 1758). Journal of Applied Ichthyology, 32(5): 825-831.

Adel M, Yeganeh S, Dadar M, et al. 2016. Effects of dietary *Spirulina platensis* on growth performance, humoral and mucosal immune responses and disease resistance in juvenile great sturgeon (*Huso huso* Linnaeus, 1754). Fish & Shellfish Immunology, 56: 436-444.

Agius C. 1979. The role of melano-macrophage centres in iron storage in normal and diseased fish. Journal of Fish Diseases, 2(4): 337-343.

Agius C. 1981. Preliminary studies on the ontogeny of the melano-macrophages of teleost haemopoietic tissues and age-related changes. Developmental & Comparative Immunology, 5(4): 597-606.

Agnew W, Barnes A C. 2007. *Streptococcus iniae*: An aquatic pathogen of global veterinary significance and a challenging candidate for reliable vaccination. Veterinary Microbiology,

122(1-2): 1-15.

Antuofermo E, Pais A, Nuvoli S, et al. 2014. *Mycobacterium chelonae* associated with tumor-like skin and oral masses in farmed Russian sturgeons (*Acipenser gueldenstaedtii*). BMC Veterinary Research, 10(1): 18-18.

Aubry A, Chosidow O, Caumes E, et al. 2002. Sixty-three cases of *Mycobacterium marinum* infection: clinical features, treatment, and antibiotic susceptibility of causative isolates. Archives of Internal Medicine, 162(15): 1746-1752.

Bachrach G, Zlotkin A, Hurvitz A, et al. 2001. Recovery of *Streptococcus iniae* from diseased fish previously vaccinated with a streptococcus vaccine. Applied and Environmental Microbiology, 67(8): 3756-3758.

Balcázar J L, Blas I D, Ruiz-Zarzuela I, et al. 2006. The role of probiotics in aquaculture. Veterinary Microbiology, 114(3-4): 173-186.

Barannikova I A. 1987. Review of sturgeon farming in the Soviet Union. J Appl Ichthyol, 27(6): 62-71.

Bauer O N, Pugachev O N, Voronin V N. 2002. Study of parasites and diseases of sturgeons in Russia: a review. J Appl Ichthyol, 18: 420-424.

Beck B H, Yildirimaksoy M, Shoemaker C A, et al. 2019. Antimicrobial activity of the biopolymer chitosan against *Streptococcus iniae*. Journal of Fish Diseases, 42(3): 371-377.

Best M. 1990. Comparative mycobactericidal efficacy of chemical disinfectants in suspension and carrier tests . Applied and Environmental Microbiology, 54(11): 2856-2858.

Botham J W, Manning M J. 1981. The histogenesis of the lymphoid organs in the carp *Cyprinus carpio* L. and the ontogenetic development of allograft reactivity. Journal of Fish Biology, 19(4): 403-414.

Brandt L. 2002. Failure of the *Mycobacterium bovis* BCG vaccine: some species of environmental mycobacteria block multiplication of BCG and induction of protective immunity to tuberculosis. Infection and Immunity, 70(2): 672-678.

Bromage E, Owens L. 2002. Infection of barramundi Lates calcarifer with *Streptococcus iniae*: effects of different routes of exposure. Diseases of Aquatic Organisms, 52(3): 199-205.

Bromage E, Thomas A, Owens L. 1999. *Streptococcus iniae*, a bacterial infection in barramundi Lates calcarifer. Diseases of Aquatic Organisms, 36, 177-181.

Bronzi P, Rosenthal H, Arlati G, et al. 1999. A brief overview on the status and prospects of sturgeon farming in Western and Central Europe. Journal of Applied Ichthyology, 15(4-5): 224-227.

Bruno D W, Griffiths J, Mitchell C G, et al. 1998. Pathology attributed to *Mycobacterium chelonae* infection among farmed and laboratory-infected Atlantic salmon *Salmo salar*. Diseases of Aquatic Organisms, 33(2): 101-109.

Bulloj A, Duan W, Finnemann S C. 2013. PI 3-kinase independent role for AKT in F-actin regulation during outer segment phagocytosis by RPE cells. Experimental Eye Research, 113: 9-18.

Cao H P, He S, Lu L Q, et al. 2010. Characterization and phylogenetic analysis of the bitrichous pathogenic *Aeromonas hydrophila* isolated from diseased Siberian sturgeon(*Acipenser baerii*). The Israeli Journal of Aquaculture, 62(3): 181-188.

Cao J, Chen Q, Lu M, et al. 2017. Histology and ultrastructure of the thymus during development in tilapia, *Oreochromis niloticus*. Journal of Anatomy, 230(5): 720-733.

Carda-Diéguez M, Mira A, Fouz B. 2014. Pyrosequencing survey of intestinal microbiota diversity in cultured sea bass (\r, Dicentrarchus labrax\r,) fed functional diets. FEMS Microbiology Ecology, 87(2): 451-445.

Carmona R, Domezain A, Gallego M A, et al. 2009. Biology, Conservation and Sustainable

Development of Sturgeons. Berlin: Springer Science: 121-136.

Carriero M M, Maia A A M, Sousa R L M, et al. 2016. Characterization of a new strain of *Aeromonas dhakensis* isolated from diseased pacu fish (*Piaractus mesopotamicus*) in Brazil. Jurnal of Fish Diseases, 39(11): 1285-1295.

Cattáneo M, Bermúdez J, Assis R A. 2010. Antibody titer in vaccinated sturgeron against *Streptococcus iniae*. Analecta Veterinaria.

Cenini P. 1984. The ultrastructure of leucocytes in carp (*Cyprinus carpio*). Proceedings of the Zoological Society of London, 204(4): 509-520.

Chang P H, Plumb J A. 1996. Histopathology of experimental *Streptococcus* sp. infection in tilapia, *Oreochromis niloticus* (L.), and channel catfish, *Ictalurus punctatus*(Rafinesque). Journal of Fish Diseases, 19(3): 235-241.

Chantanachookhin C, Seikai T, Tanaka M. 1991. Comparative study of the ontogeny of the lymphoid organs in three species of marine fish. Aquaculture, 99(1-2): 143-155.

Chen D, Peng S, Chen D, et al. 2020. Low lethal doses of *Streptococcus iniae* caused enteritis in Siberian sturgeon (*Acipenser baerii*). Fish and Shellfish Immunology, DOI: 10.1016/j.fsi.2020.06.020

Cheng S, Hu Y H, Jiao X D, et al. 2010. Identification and immunoprotective analysis of a *Streptococcus iniae* subunit vaccine candidate. Vaccine, 28(14): 2636-2641.

Chilmonczyk S. 1992. The thymus in fish: Development and possible function in the immune response. Annual Review of Fish Diseases, 2: 181-200.

Chopra A K, Houston C W, Peterson J W, et al. 1993. Cloning, expression, and sequence analysis of a cytolytic enterotoxin gene from *Aeromonas hydrophila*. Canadian Journal of Microbiology, 39(5): 513-523.

Ciulli S, Volpe E, Sirri R, et al. 2016. Outbreak of mortality in Russian (*Acipenser gueldenstaedtii*) and Siberian (*Acipenser baerii*) sturgeons associated with sturgeon nucleo-cytoplasmatic large DNA virus. Vet Microbiol, 191: 27-34.

Colorn A, Diamant A, Eldar A, et al. 2002. *Streptococcus iniae* infections in Red Sea cage-cultured and wild fishes. Dis Aquat Organ, 49(3): 165-170. DOI: 10.3354/dao049165

Dai W, Yu W, Zhang J, et al. 2017. The gut eukaryotic microbiota influences the growth performance among cohabitating shrimp. Applied Microbiology and Biotechnology, , 101(16): 6447-6457.

Dehler C E, Secombes C J, Martin S A M. 2017. Environmental and physiological factors shape the gut microbiota of Atlantic salmon parr (*Salmo salar* L.). Aquaculture, 467: 149-157.

Desai A R, Links M G, Collins S A, et al. 2012. Effects of plant-based diets on the distal gut microbiome of rainbow trout (*Oncorhynchus mykiss*). Aquaculture, 350-353: 134-142.

Di J, Chu Z P, Zhang S H, et al. 2019. Evaluation of the potential probiotic *Bacillus subtilis* isolated from two ancient sturgeons on growth performance, serum immunity and disease resistance of *Acipenser dabryanus*. Fish & Shellfish Immunology, 93: 711-719.

Di J, Zhang S H, Huang J, Zhou Y, et al. 2018. Isolation and identification of pathogens causing hemorrhagic septicemia in cultured Chinese sturgeon (*Acipenser sinensis*). Aquaculture Research, 49: 3624-3633.

dos Santos N M, do Vale A, Sousa M J, et al. 2002. Mycobacterial infection in farmed turbot *Scophthalmus maximus*. Diseases of Aquatic Organisms, 52(1): 87-91.

Eldar A, Bejerano Y, Bercovier H. 1994. Streptococcus shiloiand, Streptococcus difficile: Two new streptococcal species causing a meningoencephalitis in fish. Current Microbiology, 28(3): 139-143.

Eldar A, Frelier P F, Assenta L, et al. 1995. *Streptococcus shiloi*, the Name for an Agent Causing

Septicemic Infection in Fish, Is a Junior Synonym of *Streptococcus iniae*. Int J Syst Bacteriol, 45(4): 840-842.

Faith J J, Guruge J L, Charbonneau M, et al. 2013. The Long-Term Stability of the Human Gut Microbiota. Science, 341(6141): 44.

Falkinham J O. 2002. Nontuberculous mycobacteria in the environment. Clinics in Chest Medicine, 23(3): 529-551.

Falkinham J O. 2009. Surrounded by mycobacteria: nontuberculous mycobacteria in the human environment. Journal of Applied Microbiology, 107(2): 356-367.

Fange R. 1986. Lymphoid organs in sturgeons (Acipenseridae). Veterinary Immunology and Immunopathology, 12: 153-161.

Fečkaninová A, Koščová J, Mudroňová D, et al. 2017. The use of probiotic bacteria against Aeromonas infections in salmonid aquaculture. Aquaculture, 469: 1-8.

Feng J, Lin P, Wang Y. et al. 2017. Identification of a type I interferon (IFN) gene from Japanese eel and its expression analysis in vivo and in vitro, Agri Gene, 5: 19-26.

Feng Y, Xu H, Wang H, et al. 2011. Outbreak of a cutanuous *Mycobacterium marinum* infection in Jiangsu Haian, China. Diagnostic Microbiology and Infectious Diseases. 71(3): 267-272.

Fischer T W, Assefa S, Bauer H I, et al. 2002. Diagnostic odyssey of a cutaneous mycobacteriosis rare in central europe. Dermatology, 205(3): 289-292.

Fremont-Rahl J J, Ek C, Williamson H R, et al. 2011. *Mycobacterium liflandii* Outbreak in a Research Colony of *Xenopus (Silurana) tropicalis* Frogs. Vet. Pathol. 48(4), 856-867.

Frerichs G N. 1993. Mycobacteriosis: nocardiosis. *In*: Inglis V, Roberts R J, Bromage N R. Bacterial Diseases of Fish. London: Blackwell Scientific Publications: 219-235.

Fuller J D, Bast D J, Nizet V, et al. 2001. *Streptococcus iniae* virulence is associated with a distinct genetic profile. Infection and immunity, 69(4): 1994-2000. DOI: 10.1128/IAI.69.4.1994-2000.2001

Gao Z, Wang W, Yi Y, et al. 2007. Morphological studies of peripheral blood cells of the Chinese sturgeon, *Acipenser sinensis*. Fish Physiology & Biochemistry, 33(3): 213-222.

Gauthier D T, Rhodes M W. 2009. Mycobacteriosis in fishes: a review. Veterinary Journal, 180(1): 33-47.

Gazi U, Martinezpomares L. 2009. Influence of the mannose receptor in host immune responses. Immunobiology, 214(7): 554-561.

Gebo K A, Srinivasan A, Perl T M, et al. 2002. Pseudo-outbreak of *Mycobacterium* fortuitum on a human immunodeficiency virus ward: transient respiratory tract colonization from a contaminated ice machine. Clinical Infectious Diseases, 35(1): 32-38.

Ghaemi E O, Ghazesaeed K, Nasab F F, et al. 2006. *Mycobacterium marinum*, Infection in Caviar Fishes and Fisherman's in a Caspian Sea Province in North of Iran. Journal of Biological Sciences, 6(6): 1145-1147.

Gorgollon P. 1983. Fine structure of the thymus in the adult cling fish *Sicyases sanguineus* (Pisces, Gobiesocidae). Journal of Morphology, 177(1): 25-40.

Gradil A M, Wright G M, Wadowska D W, et al. 2014. Ontogeny of the immune system in Acipenserid juveniles. Developmental & Comparative Immunology, 44(2): 303-314.

Hawgood B J. 1999. Doctor Albert Calmette 1863-1933: founder of antivenomous serotherapy and of anti-tuberculous BCG vaccination. Toxicon, 37(9): 1241-1258.

Ho M M, Southern J, Kang H, et al. 2010. WHO informal consultation on standardization and evaluation of BCG vaccines Geneva, Switzerland. Vaccine, 28(43): 6945-6950.

Hoshina T, Sano T, Morimoto Y A. 1958. A Streptococcus pathogenic to fish. Tokyo Univ. Fish. 44:

57-68.

Howard S P, Garland W J, Green M J, et al. 1987. Nucleotide sequence of the gene for the hole-forming toxin aerolysin of *Aeromonas hydrophila*. Journal of Bacteriology, 169(6): 2869-2871.

Huang J, Zhang S H, Di J, et al. 2019. Inactivated Mycobacterium vaccine induces innate immunity against *M. ulcerans* ecovar Liflandii (MuLiflandii ASM001) infection in Dabry's sturgeon (*Acipenser dabryanus*). Aquaculture, 512: 734312.

Iwama G, Nakanishi T. 1996. The fish immune system: organism, pathogen, and environment. San Diego: Academic Press: 6-12.

Jacobs J M, Stine C B, Baya A M. 2009. A review of mycobacteriosis in marine fish. Fish Dis. 32: 119-130.

Jósefsson S, Tatner M F. 1993. Histogenesis of the lymphoid organs in sea bream (*Sparus aurata* L.). Fish & Shellfish Immunology, 3(1): 35-49.

Kaattari I M, Rhodes M W, Kaattari S L, et al. 2006. The evolving story of *Mycobacterium tuberculosis* clade members detected in fish. Journal of Fish Diseases, 29(9): 509-520.

Kato G, Kato K, Saito K, et al. 2011. Vaccine efficacy of *Mycobacterium bovis* BCG against *Mycobacterium* sp. infection in amberjack *Seriola dumerili*. Fish & Shellfish Immunology, 30(2): 467-472.

Kato G, Kondo H, Aoki T, et al. 2010. BCG vaccine confers adaptive immunity against *Mycobacterium* sp. infection in fish. Developmental & Comparative Immunology, 34(2): 133-140.

Kato G, Kondo H, Aoki T, et al. 2012. Mycobacterium bovis BCG vaccine induces non-specific immune responses in Japanese flounder against Nocardia seriolae. Fish & Shellfish Immunology, 33(2): 243-250.

Kaufmann S H, Hussey G, Lambert P H. 2010. New vaccines for tuberculosis. Lancet, 375(9731): 2110-2119.

Kayis S, Er A, Kangel P, et al. 2017. Bacterial pathogens and health problems of *Acipenser gueldenstaedtii* and *Acipenser baerii* reared in the eastern Black Sea region of Turkey. Iranian Journal of Veterinary Research, 18(1): 18-24.

Klerk L M D, Michel A L, Bengis R G, et al. 2010. BCG vaccination failed to protect yearling African buffaloes(Syncerus caffer) against experimental intratonsilar challenge with Mycobacterium bovis. Veterinary Immunology and Immunopathology, 137(1-2): 84-92.

Koh T H, Kurup A, Chen J. 2004. *Streptococcus iniae* Discitis in Singapore. Emerging Infectious Diseases, 10(9): 1694-1696.

Kudo K, Sano H, Takahashi H, et al. 2004. Pulmonary Collectins Enhance Phagocytosis of *Mycobacterium avium* through Increased Activity of Mannose Receptor. The Journal of Immunology, 172(12): 7592-7602.

Lange M A, Govyadinova A A, Khrushchev N G. 2000. Study on localization of hemopoietic tissue in Sturgeon. Russian Journal of Developmental Biology, 31(6): 440-444.

Lau S K P, Woo P C Y, Tse H, et al. 2003 Invasive *Streptococcus iniae* Infections Outside North America. Journal of Clinical Microbiology, 41(3): 1004-1009.

Lescenko P, Matlova L, Dvorska L, et al. 2003. Mycobacterial infection in aquarium fish. Veterinární Medicína, 48(3): 71-78.

Li P, Hulak M, Linhart O. 2009. Sperm proteins in teleostean and chondrostean(sturgeon) fishes. Fish Physiology and Biochemistry, 35(4): 567-81.

Li T T, Long M, Gatesoupe F J, et al. 2015. Comparative analysis of the intestinal bacterial communities in different species of carp by pyrosequencing. Microbial Ecology , 69(1): 25-36.

Li T T, Long M, Gatesoupe F J, et al. 2015. Comparative analysis of the intestinal bacterial communities in different species of carp by pyrosequencing. Microbial Ecology, 69(1): 25-36.

Li X Y, Du H J, Liu L, et al. 2017. MHC class II alpha, beta and MHC class II-associated invariant chains from Chinese sturgeon (*Acipenser sinensis*) and their response to immune stimulation. Fish & Shellfish Immunology, 70: 1-12.

Li X, Yan Q, Einar R, et al. 2016. The influence of weight and gender on intestinal bacterial community of wild largemouth bronze gudgeon (*Coreius guichenoti*, 1874). BMC Microbiology, 16(1): 191.

Li X, Yan Q, Einar R, et al. 2016. The influence of weight and gender on intestinal bacterial community of wild largemouth bronze gudgeon(Coreius guichenoti, 1874). Bmc Microbiology, 16(1): 191.

Li Y S, Zhang S H, Han P P, et al. 2019. Bioinformatic analysis of antivirus‐related TRIM genes in Dabry's sturgeon *Acipenser dabryanus*. Journal of Applied Ichthyology, 35: 226-234.

Li Y S, Zhang S H, Luo K, et al. 2017. First study on interferon regulatory factor in sturgeon: Expression Pattern of interferon regulatory factor in Dabry's sturgeon *Acipenser dabryanus*. Journal of Interferon and Cytokine Research, 37(11): 503-512

Liu H B, Hua Y P, Qu Q Z, et al. 2006. Microstructure and ultrastructure of peripheral blood cells of Amur sturgeon *Acipenser schrencki* Brandt . Acta Hydrobiologica Sinica, 30(2): 214-220.

Liu Y, Zhang S, Jiang G, et al. 2004. The development of the lymphoid organs of flounder, *Paralichthys olivaceus*, from hatching to 13 months. Fish & Shellfish Immunology, 16(5): 621-632.

Locke J B, Vicknair M R, Ostland V E, et al. 2010. Evaluation of *Streptococcus iniae* killed bacterin and live attenuated vaccines in hybrid striped bass through injection and bath immersion. Diseases of Aquatic Organisms, 89(2): 117-23.

Luo K, Di J, Han P P, et al. 2018. Transcriptome analysis of the critically endangered Dabry's sturgeon (*Acipenser dabryanus*) head kidney response to *Aeromonas hydrophila*. Fish and Shellfish Immunology, 83: 249-261

Mainous M E, Smith S A. 2005. Efficacy of common disinfectants against *Mycobacterium marinum*. Journal of Aquatic Animal Health, 17(3): 284-288.

Manfrin A, Prearo M, Alborali L, et al. 2009. *Mycobacteriosis* in sea bass, rainbow trout, striped bass and Siberian sturgeon in Italy. In Program, abstracts and report of EAFP Workshop "Zoonotic infections from fish and shellfish": 14-19 September 2009. Prague, Czech Republic: 5.

Manning M J, Turner R J. 1994.Immunology: A comparative approach. The Quarterly Review of Biology, 48(3-4): 376.

Meng G X, Li G A, Yang G W, et al. 1999. Ontogeny of Immune Related Organs during Early Development of Carp (*Cyprinus Carpio* L.). Developmental and Reproductive Biology, 8(2): 33-39.

Meng Y, Xiao H B, Zeng L B. 2011. Isolation and identification of the hemorrhagic septicemia pathogen from Amur sturgeon, *Acipenser schrenckii*. Journal of Applied Ichthyology, 27(2): 799-803.

Miles G, Jayasinghe L, Bayley H. 2006. Assembly of the Bi-component leukocidin pore examined by truncation mutagenesis. Journal of Biological Chemistry, 281(4): 2205-2214.

Mitchell R, Weinstein, Margaret, et al. 1997. Invasive Infections Due to a Fish Pathogen, *Streptococcus iniae*. New England Journal of Medicine,

Mohammad M G, Chilmonczyk S, Birch D, et al. 2010. Anatomy and cytology of the thymus in juvenile Australian lungfish, *Neoceratodus forsteri*. Journal of Anatomy, 211(6): 784-797.

Moliva J I, Turner J, Torrelles J B. 2015. Prospects in *Mycobacterium bovis* Bacille Calmette et Guérin (BCG) vaccine diversity and delivery: Why does BCG fail to protect against tuberculosis? Vaccine, 33(39): 5035-5041.

Mugetti D, Pastorino P, Menconi V, et al. 2020. The Old and the New on Viral Diseases in Sturgeon. Pathogens, 9(2): E146.

Nackers F, Dramaix M, Johnson R C, et al. 2006. BCG vaccine effectiveness against Buruli ulcer: a casecontrol study in Benin. American Journal Tropical Medicine and Hygiene, 75(4): 768-774.

Navarrete P, Magne F, Araneda C, et al. 2012. PCR-TTGE analysis of 16S rRNA from rainbow trout (*Oncorhynchus mykiss*) gut microbiota reveals Host-Specific communities of active bacteria. PLoS One, 7(2): e31335.

Neefjes J, Jongsma M L M, Paul P, et al. 2011. Towards a systems understanding of MHC class I and MHC class II antigen presentation. Nature Reviews Immunology, 11(2): 540-540.

Neefjes J. 1999. CIIV, MIIC and other compartments for MHC class II loading. European journal of immunology, 29(5): 1421-1425.

Noga E J.1951. Fish disease: diagnosis and treatment. 2th ed. Wiley-Blackwell, Iowa, USA. Norden A and Linell F. A new type of pathogenic *Mycobacterium*. 2010.Nature, 168(4280): 826-826.

Novotny L, Dvorska L, Lorencova A, et al. 2004. Fish: a potential source of bacterial pathogens for human beings. Veterinarni Medicina, 49(9): 343-358.

Novotny L, Halouzka R, Matlova L, et al. 2010. Morphology and distribution of granulomatous inflammation in freshwater ornamental fish infected with mycobacteria. Journal of Fish Diseases, 33(12): 947-955.

O'Neill J G. 1989. Ontogeny of the lymphoid organs in an antarctic teleost, *Harpagifer antarcticus* (Notothenioidei: Perciformes). Developmental & Comparative Immunology, 13(1): 25-33.

Padrós F, Crespo S. 1996. Ontogeny of the lymphoid organs in the turbot *Scophthalmus maximus*: a light and electron microscope study. Aquaculture, 144(1-3): 1-16.

Parker S, Flamme A L, Salinas I. 2012. The ontogeny of New Zealand groper (*Polyprion oxygeneios*) lymphoid organs and IgM. Developmental &Comparative Immunology, 38(2): 215-223.

Pasnik D J, Smith S A. 2005. Immunogenic and protective effects of a DNA vaccine for *Mycobacterium marinum* in fish. Veterinary Immunology and Immunopathology, 103(3-4): 195-206.

Pate M, Jencic V, Zolnir-Dovc M, et al. 2005. Detection of mycobacteria in aquarium fish in Slovenia by culture and molecular methods. Diseases of Aquatic Organisms, 64(1): 29-35.

Patel S, Sorhus E, Fiksdal I U, et al. 2009. Ontogeny of lymphoid organs and development of IgM-bearing cells in Atlantic halibut (*Hippoglossus hippoglossus* L.). Fish & Shellfish Immunology, 26(3): 385-395.

Perera R P, Johnson S K, Collins M D, et al. 1994. *Streptococcus iniae* Associated with Mortality of Tilapia nilotica × T. aurea Hybrids. Journal of Aquatic Animal Health, 6(4): 335-340.

Pier G B, Madin S H. 1976. *Streptococcus iniae* sp. nov., a Beta-Hemolytic *Streptococcus* Isolated from an Amazon Freshwater Dolphin, Inia geoffrensis. International Journal of Systematic Bacteriology, 26(4): 545-553.

Pierezan F, Shahin K, Heckman T I, et al. 2020. Outbreaks of severe myositis in cultured white sturgeon (*Acipenser transmontanus* L.) associated with *Streptococcus iniae*. Journal of Fish Diseases, 43(1-2).

Portaels F, Aguiar J, Debacker M, et al. 2002. Prophylactic Effect of Mycobacterium bovis BCG Vaccination against Osteomyelitis in Children with Mycobacterium ulcerans Disease (Buruli

Ulcer). Clinical and Diagnostic Laboratory Immunology, 9(6): 1389-1391.

Portaels F, Aguiar J, Debacker M, et al. 2004. *Mycobacterium bovis* BCG vaccination as prophylaxis against *Mycobacterium ulcerans* osteomyelitis in Buruli ulcer disease . Infection Immunity, 72(1): 62-65.

Pourgholam M A, Khara H, Safari R, et al. 2017. Hemato-immunological responses and disease resistance in Siberian sturgeon *Acipenser baerii* fed on a supplemented diet of *Lactobacillus plantarum*. Probiotics & Antimicrobial Proteins, 9(1): 32-40.

Pozniak A, Bull T. 1999., Recently recognized mycobacteria of clinical significance. Journal of Infection, 38(3): 157-161.

Quesada J, Viilena M, Agulleiro B. 1990. Structure of the spleen of the sea bass (*Dicentrarchus labrax*): A light and electron microscopic study. Journal of Morphology, 206(3): 273-281.

Ringø E, Sperstad S, Myklebust R, et al. 2006. Characterisation of the microbiota associated with intestine of Atlantic cod (*Gadus morhua* L.): The effect of fish meal, standard soybean meal and a bioprocessed soybean meal. Aquaculture, 261(3): 0-841.

Robertson P, O'Dowd C, Burrells C, et al. 2000. Use of Carnobacterium sp as a probiotic for Atlantic salmon (*Salmo salar* L.) and rainbow trout (*Oncorhynchus mykiss*, Walbaum). Aquaculture, 185(3-4): 235-243.

Romano N, Taverne-Thiele A, Fanelli M, et al. 1999. Ontogeny of the thymus in a teleost fish, *Cyprinus carpio* L.: developing thymocytes in the epithelial microenvironment. Developmental & Comparative Immunology, 23(2): 123-127.

Ross A J, Brancato F P. 1959. Mycobacterium fortuitum Cruz from the tropical fish Hyphessobrycon innesi. Journal of Bacteriology, 78(3): 392-395.

Russell A D, Hammond S A, Morgan J R. 1986. Bacterial resistance to antiseptics and disinfectants. Journal of Hospital Infection, 7(3): 213-225.

Russell A D. 1996. Activity of biocides against mycobacteria. Journal of Applied Microbiology, 81(S25): 87S-101S.

Salkova E, Flajshans M. 2016. The first finding of Hassall's corpuscles in the thymi of cultured sturgeons. Veterinární Medicína, 61(8): 464-466.

Santi M, Pastorino P, Foglini C, et al. 2018. A survey of bacterial infections in sturgeon farming in Italy . Journal of Applied Ichthyology, 35(1): 275-282.

Santos A, Gutierre R, Antoniazzi M, et al. 2011. Morphocytochemical, immunohistochemical and ultrastructural characterization of the head kidney of fat snook Centropomus parallelus. Journal of Fish Biology, 79(7): 1685-1707.

Savino W, Dardenne M. 2000. Neuroendocrine control of thymus physiology. Endocrine Reviews, 21(4): 412.

Schroder M B, Villena A J, Jorgensen T O. 1998. Ontogeny of lymphoid organs and immunoglobulin producing cells in Atlantic cod (*Gadus morhua* L.). Developmental & Comparative Immunology, 22(5-6): 507-517.

Schulze-Robbecke R, Buchholtz K. 1992. Heat susceptibility of aquatic mycobacteria. Applied and Environmental Microbiology, 58(6): 1869-1873.

Shen L, Stuge T B, Zhou H, et al. 2002. Channel catfish cytotoxic cells: a mini-review. Developmental and Comparative Immunology, 26(2): 141-149.

Shin G W, Palaksha K J, Kim Y R, et al. 2007. Application of immunoproteomics in developing a *Streptococcus iniae* vaccine for olive flounder (*Paralichthys olivaceus*). Journal of Chromatography B, 849(1-2): 315-322.

Shin N R, Whon T W, Bae J W. 2015. Proteobacteria: microbial signature of dysbiosis in gut microbiota. Trends in Biotechnology, 33(9): 496-503.

Shoemaker C A, Lafrentz B R, Klesius P H. 2012. Bivalent vaccination of sex reversed hybrid tilapia against *Streptococcus iniae* and *Vibrio vulnificus*. Aquaculture, 354-355: 45-49.

Soler L, Yanez M A, Chacon M R. 2014. Phylogenetic analysis of the genus *Aeromonas* based on two housekeeping genes. International Journal of Systematic and Evolutionary Microbiology, 54(5): 1511-1519.

Soltani M, Kalbassi M R. 2001. Protection of Persian sturgeon(*Acipenser persicus*) fingerling against *Aeromonas hydrophila* septicemia using three different antigens. European Association of Fish Pathologists, 21(6): 235-240.

Soltani M, Mazandarani M, Mirzargar S, et al. 2014. Pathogenicity of *Streptococcus iniae* in Persian sturgeon (*Acipenser persicus*) fingerling. Journal of Veterinary Research, 69(2): 119-125.

Soto E, Richey C, Stevens B, et al. 2017. Co-infection of *Acipenserid herpesvirus* 2 (AciHV-2) and *Streptococcus iniae* in cultured white sturgeon *Acipenser transmontanus*. Diseases of Aquatic Organisms.

Steffens W, Jähnichen H, Fredrich F. 1990. Possibilities of sturgeon culture in Central Europe. Aquaculture, 89(2): 101-122.

Stephens W Z, Burns A R, Stagaman K, et al. 2016. The composition of the zebrafish intestinal microbial community varies across development. The ISME Journal, 10(3): 644-654.

Stern L J, Santambrogio L. 2016. The melting pot of the MHC Ⅱ peptidome. Current Opinion in Immunology, 40: 70-77.

Stoffregen D A, Backman S, Perham R E, et al. 1996. Initial disease report of *Streptococcus iniae* infection in Hybrid Striped (Sunshine) bass and successful therapeutic intervention with the Fluoroquinolone antibacterial Enrofloxacin. Journal of The World Aquaculture Society, 27(4): 420-434.

Stuart L M, Ezekowitz R A . 2008. Phagocytosis and comparative innate immunity: learning on the fly. Nature Reviews Immunology, 8(2): 131-141.

Sugita H, Hirose Y, Matsuo N, et al. 1998. Production of the antibacterial substance by *Bacillus* sp. strain NM 12, an intestinal bacterium of Japanese coastal fish. Aquaculture, 165(3-4): 269-280.

Sullam K E, Essinger S D, Lozupone C A, et al. 2012. Environmental and ecological factors that shape the gut bacterial communities of fish: a meta-analysis. Molecular Ecology, 21(13): 3363-3378.

Sun Y, Hu Y H, Liu C S, et al. 2010. Construction and analysis of an experimental *Streptococcus iniae* DNA vaccine. Vaccine, 28(23): 3905-3912.

Sun Y, Hu Y H, Liu C S, et al. 2012. Construction and comparative study of monovalent and multivalent DNA vaccines against *Streptococcus iniae*. Fish & Shellfish Immunology, 33(6): 1303-1310.

Suykerbuyk P, Vleminckx K, Pasmans F, et al. 2007. *Mycobacterium liflandii* infection in European Colony of Silurana tropicalis. Emerging Infectious Diseases, 13(5): 743-746.

Talaat A M, Reimschuessel R, Trucksis M. 1997. Identification of mycobacteria infecting fish to the species level using polymerase chain reaction and restriction enzyme analysis. Veterinary Microbiology, 58(2-4): 229-237.

Tatner M F, Manning M J. 1982. The morphology of the trout, Salmo gairdneri Richardson, thymus: some practical and theoretical considerations. Journal of Fish Biology, 21(1): 27-32.

Tobias N J, Doig K D, Medema M H, et al. 2013. Complete genome sequence of the frog pathogen *Mycobacterium ulcerans* ecovar Liflandii. Journal of Bacteriology, 195(3): 556-564.

Toranzo A E, Magariños B, Romalde J L. 2005. A review of the main bacterial fish diseases in mariculture systems. Aquaculture, 246(1-4): 37-61.

Trott K A, Stacy B A, Lifland B D, et al. 2004. Characterization of a *Mycobacterium ulcerans*-like infection in a colony of African tropical clawed frogs (*Xenopus tropicalis*). Comparative Medicine, 54(3): 309-317.

Tsujii T, Seno S. 1990. Melano-macrophage centers in the aglomerular kidney of the sea horse (teleosts): morphologic studies on its formation and possible function. Anatomical Record, 226(4): 460-470.

Watts M, Kato K, Munday B L, et al. 2003. Ontogeny of immune system organs in northern bluefin tuna (*Thunnus orientalis*, Temminck and Schlegel 1844). Aquaculture Research, 34(1): 13-21.

Whipps C M, Watral V G, Kent M L. 2003. Characterization of a *Mycobacterium* sp. in rockfish, *Sebastes alutus* (Gilbert) and *Sebastes reedi* (Westrheim & Tsuyuki), using rDNA sequences. Journal of Fish Diseases, 26(4): 241-245.

Widmer A F, Frei R. 2003. Antimicrobial activity of glucoprotamin: a clinical study of a new disinfectant for instruments. Infection Control & Hospital Epidemiology, 24(10): 762-764.

Willett C E, Cortes A, Zuasti A, et al. 1999. Early hematopoiesis and developing lymphoid organs in the zebrafish. Developmental Dynamics, 214(4): 323-336.

Xiang Y, Liu W, Jia P, et al. 2017. Molecular characterization and expression analysis of interferon-gamma in black seabream *Acanthopagrus schlegelii*. Fish Shellfish Immunology, DOI: 10.1016/j.fsi.2017.08.046.

Xiao Z, He T, Li J, et al. 2013. Ontogeny of the immune system in rock bream *Oplegnathus fasciatus*. Chinese Journal of Oceanology & Limnology, 31(5): 1028-1035.

Xiong J, Wang K, Wu J, et al. 2015. Changes in intestinal bacterial communities are closely associated with shrimp disease severity. Applied Microbiology and Biotechnology, 99(16): 6911-6919.

Xu J, Zeng X H, Jiang N, et al. 2015. *Pseudomonas alcaligenes* infection and mortality in cultured Chinese sturgeon, *Acipenser sinensis*. Aquaculture, 446: 37-41.

Xu Q Q , Luo K, Zhang S H, et al. 2019. Sequence analysis and characterization of type Ⅰ interferon and type Ⅱ interferon from the critically endangered sturgeon species, *A. dabryanus* and *A. sinensis*. Fish and Shellfish Immunology, 84: 390-403

Zanoni R G, Florio D, Fioravanti M L, et al. 2008. Occurrence of *Mycobacterium* sp. in ornamental fish in Italy. Journal of Fish Diseases, 31(6): 433-441.

Zapata A G, Cooper E L, Ershler W B. 1991. The immune system: comparative histophysiology. Quarterly Review of Biology, 66(4): 531.

Zapata A. 1980. Ultrastructure of elasmobranch lymphoid tissue: Thymus and spleen. Developmental & Comparative Immunology, 4(3): 459-471.

Zerihun M A, Hjortaas M J, Falk K, et al. 2011. Immunohistochemical and Taqman real-time PCR detection of mycobacterial infections in fish. Journal of Fish Diseases, 34(3): 235-246.

Zhang S H, Huang J, Di J, et al. 2018. The genome sequence of a new strain of *Mycobacterium ulcerans* ecovar Liflandii, emerging as a sturgeon pathogen. Aquaculture, 489: 141-147.

Zhang S H, Lv X Y, Deng D, et al. 2019. Gene characterization and expression pattern of Mx and Viperin genes in Dabry's sturgeon *Acipenser dabryanus*. Journal of AppliedIchthyology, DOI: 10.1111/jai.13876.

Zhang S H, Xu Q Q, Boscari E, et al. 2018b.Characterization and expression analysis of g- and c-type lysozymes in Dabry's sturgeon (*Acipenser dabryanus*). Fish and Shellfish Immunology, 76: 260-265

Zhang S H, Xu Q Q, Du H, et al. 2018a. Evolution, expression, and characterisation of liver-expressed antimicrobial peptide genes in ancient chondrostean sturgeons. Fish and Shellfish Immunology, 79: 363-369

Zhang X, Wang S, Chen S, et al. 2015. Transcriptome analysis revealed changes of multiple genes involved in immunity in *Cynoglossus semilaevis* during *Vibrio anguillarum* infection. Fish and Shellfish Immunology, 43(1): 209-218.

Zhou S M, Xie M Q, Zhu X Q, et al. 2008. Identification and genetic characterization of *Streptococcus iniae* strains isolated from diseased fish in China. J Fish Dis, 31(11), 869-875.

Zhu R, Du H J, Li S Y, et al. 2016. De novo annotation of the immune-enriched transcriptome provides insights into immune system genes of Chinese sturgeon (*Acipenser sinensis*). Fish and Shellfish Immunology, 55: 699-716.

Zlotkin A, Hershko H, Eldar A. 1998. Possible Transmission of *Streptococcus iniae* from Wild Fish to Cultured Marine Fish. Applied & Environmental Microbiology, 64(10): 4065-4067.

Zou J, Gorgoglione B, Taylor N G H, et al. 2014. Salmonids have an extraordinary complex type I IFN system: characterization of the IFN locus in rainbow trout *Oncorhynchus mykiss* reveals two novel IFN subgroups. J Immunol, 193(5): 2273-2286.